12
1973

WISSENSCHAFTLICH-TECHNISCHE ZEITSCHRIFT FÜR DIE CHEMIEFASER- UND TEXTILINDUSTRIE

BEGRUNDET VON
ERICH CORRENS UND WALTER FRENZEL

HERAUSGEGEBEN VON ERICH CORRENS
WOLFGANG BOBETH – HANS BÖHRINGER – HERMANN KLARE
BURKART PHILIPP – CHRISTIAN RUSCHER

SCHRIFTLEITER J. BRÄMER UND I. RUSCHER

Faserforsch. u. Textiltechnik • 24. Jahrg. • Heft 12 • Seiten 479–530 • Berlin im Dezember 1973
FSTXA7 24 (12) 479–530 (1973) Preis: 15,– M • Sonderpreis DDR: 9,– M

DK 678.674'524'420:678-9.02:547.422.2:547.461.8:547.584-022:541.929.4:536.495

Zimmermann, Heinz, und *Becker, Dietrich*

Über den Einfluß von Diäthylenglykol und anderer Cokomponenten auf das thermooxydative Verhalten von Polyäthylenterephthalat

Faserforsch. u. Textiltechnik **24** (1973) 12, S. 479—483. 3 Tab., 4 Abb., 6 Lit.

Anhand von thermoanalytischen Messungen und der Bestimmung der Carboxylgruppenzunahme wurde das thermooxydative Verhalten diäthylenglykolhaltiger Polyäthylenterephthalate beim Erhitzen in fester Phase verfolgt. Mit steigendem Äthergehalt wird der Oxydationsbeginn zu tieferen Temperaturen verschoben und die Oxydationsenthalpie nimmt zu. In gleicher Weise wirkt sich im allgemeinen eine Modifizierung der Polyesterkette in der Säurekomponente, z. B. durch den Einbau von Sebacinsäure oder Sulfoisophthalsäure, negativ aus.

DK 678.745.32:678.745.32-13:536.421.1:536.652:536.628.1:541.66:548.23

Berger, Werner, Heller, Armin, Thamke, Wolfgang, und *Adler, Hans-Jürgen*

Das Schmelzen von Polyacrylnitril und Copolymeren

Faserforsch. u. Textiltechnik **24** (1973) 12, S. 484—488. 2 Tab., 4 Abb., 13 Lit.

Mit einem Differential-Scanning-Calorimeter (DSC-1B) wurden von den Copolymeren AN/IB und AN/S in Abhängigkeit vom Cokomponentengehalt die Schmelzwärmen und Schmelzpunkte bestimmt. Letztere ergeben bei der Auswertung nach der *Flory*schen Theorie die Schmelzwärme pro Monomereinheit Acrylnitril. Diese Werte sowie die Aussagen über einen Gleichgewichtsschmelzpunkt werden einer kritischen Prüfung unterzogen. Aus der Abhängigkeit der direkt gemessenen Schmelzwärme vom Cokomponentengehalt folgt eine Aussage über das Verschwinden der Kristallinität. Die Vereinbarkeit der Ergebnisse mit verschiedenen Strukturmodellen (*Flory, Eby*) wird diskutiert.

DK 677.494.675'126-487.1/.2:677.862:677.862:677.862.5:677.017.84

Holy, Gerhard, und *Glöckner, Gottfried*

Über den Einfluß von Zusätzen auf die Licht- und Wärmebeständigkeit von Polyamid-6-Seiden

Faserforsch. u. Textiltechnik **24** (1973) 12, S. 489—494. 1 Tab., 11 Abb., 16 Lit.

Mit einer Laborspinnapparatur wurde Polycaprolactam zu Seiden gesponnen. Das Polycaprolactam wurde mit verschiedenen Zusätzen, Verbindungen des Kupfers, Eisens, Silbers und Mangans, z. T. in Kombination mit TiO_2 als Mattierungsmittel, bzw. Lactamhydroperoxid und seinen Umwandlungsprodukten eingesetzt. Die Konzentration der Zusätze wurde variiert. Untersucht wurde der Festigkeitsabfall nach der Bestrahlung im Xenotestgerät bzw. nach thermisch-oxydativer Beanspruchung. Die Zusätze beeinflussen den Festigkeitsabfall unterschiedlich. Dabei wirkt sich auch die Konzentration der Zusatzstoffe aus. Die Ergebnisse werden unter Berücksichtigung bisher vorgeschlagener Mechanismen für die thermisch-oxydative und fotochemische Schädigung von Polycaprolactam diskutiert.

DK 677.06:687:677.017.88:677.017.57:537.222:677.862.517.1

Löbel, Wilfried

Elektrostatische Aufladungen beim Tragen von Bekleidungstextilien

Faserforsch. u. Textiltechnik **24** (1973) 12, S. 495—504. 6 Abb., 16 Lit.

Die Auswirkungen elektrostatischer Aufladungen auf Kleidungsstücken werden anhand der physikalischen Natur dieser Erscheinung erläutert. Aus den Betrachtungen geht hervor, daß antistatische Effekte von den meisten, jedoch nicht von allen Erzeugnissen zu fordern sind. Die sich an einem getragenen Kleidungsstück abspielenden Ableitungsvorgänge der Aufladung werden theoretisch untersucht und mathematisch für mehrere in der Praxis vorkommende Varianten dargestellt. Liegt der spezifische Flächenwiderstand unterhalb von $10^{12}\,\Omega$, so sind elektrostatische Erscheinungen sehr unwahrscheinlich und unterhalb von $10^{10}\,\Omega$ praktisch ausgeschlossen. Bei spezifischen Widerständen oberhalb von $10^{11}\,\Omega$ kann ein in Anlehnung an den AATCC-Standard Nr. 115-1965 T vorgeschlagener Reibungstest eine zusätzliche Information über die Aufladbarkeit bringen.

DK 66.067,33:677.351/.532:677.021.123.32:539.215.5

Tittel, Reiner, und *Berndt, Rolf*

Zur Bestimmung der Trennteilchengröße von Filtergeweben

Faserforsch. u. Textiltechnik **24** (1973) 12, S. 505—510. 1 Tab., 8 Abb., 6 Lit.

Die Arbeit behandelt die Kennzeichnung von metallischen Tressengeweben, die u. a. für die Filtration von Spinnlösungen von wachsendem Interesse sind. Wegen ihres regelmäßigen Aufbaues ist die Definition einer Trennteilchengröße für diese Gewebe sinnvoll. Sie ermöglicht eine Vorausbestimmung der maximalen Teilchengröße bzw. bei deren Vorgabe die Aufstellung von Forderungen hinsichtlich der Gewebeabmessungen.

DK 517.458.82:678.544:678.546:536.746:536.424.1.081.7:531.731.43

Aziz, Kamal, und *Shinouda, Hakim Grace*

Umwandlung zweiter Ordnung in Cellulosederivaten

Faserforsch. u. Textiltechnik **24** (1973) 12, S. 510—512. 1 Tab., 5 Abb., 13 Lit.

Es wurde die Änderung des spezifischen Volumens mit der Temperatur von Methyl-, Acetyl-, Hydroxyäthyl- und Carboxymethylcellulose sowie Cellulosenitrat bestimmt. Die untersuchten Proben zeigten einen Umwandlungspunkt zweiter Ordnung bei etwa 25 °C.

DK 001.814(047):547.455:543.544

Poller, Siegfried, und *Unger, Achim*

Qualitative Dünnschichtchromatographie wichtiger Monosaccharide

Faserforsch. u. Textiltechnik **24** (1973) 12, S. 513—520. 3 Tab., 104 Lit.

In der Arbeit wird anhand der internationalen Literatur eine Übersicht über den Stand der qualitativen Dünnschichtchromatographie der wichtigsten Monosaccharide gegeben.

Die Zeitschrift „Faserforschung und Textiltechnik“ erscheint monatlich in Heften zu 48 Textseiten im Format A 4. Der Preis für das Einzelheft beträgt M 15,— (Sonderpreis für DDR M 9,—), für den Vierteljahrbezug M 45,— (Sonderpreis für DDR M 27,—), zuzügl. Bestellgeld. Die Berechnung erfolgt zu Beginn eines Vierteljahrs für 3 Hefte. Bestellungen aus dem Gebiet der Deutschen Demokratischen Republik an ein Postamt, eine Buchhandlung oder den Verlag, aus der Deutschen Bundesrepublik an eine Buchhandlung oder die Auslieferungsstelle Kunst und Wissen. Erich Bieber, 7 Stuttgart 1, Wilhelmstraße 4—6, aus dem Ausland an eine Importbuchhandlung, den Deutschen Buch-Export und -Import GmbH., 701 Leipzig, Postschließfach 276, oder den Akademie-Verlag GmbH., 108 Berlin, Leipziger Str. 3—4 (Fernruf: 220441; Telex-Nr. 0112020; Postscheckkonto 35021) erbeten. Bestellnummer dieses Heftes: 1014/24/12. Alleinige Anzeigenannahme DEWAG-WERBUNG, 1054 Berlin, Wilhelm-Pieck-Str. 49, und alle DEWAG-Betriebe in den Bezirksstädten der DDR. — Bestellungen in der UdSSR nehmen entgegen: Städtische Abteilungen von „SOJUZPECHATJ“ bzw. Postämter und Postkontore.

Herausgeber und verantwortlich für den Inhalt: Prof. Dr. Dr. Erich Correns, Institut für Polymerenchemie der Akademie der Wissenschaften der DDR, 153 Teltow-Seehof, Fernruf: Teltow 4831; Prof. Dr.-Ing. habil. Wolfgang Bobeth, Institut für Technologie der Fasern der Akademie der Wissenschaften der DDR, 801 Dresden, Hohe Str. 6, Fernruf: 44721; Prof. Dr.-Ing. Hans Böhringer, 682 Rudolstadt; Prof. Dr. Hermann Klare, Prof. Dr. habil. Burkart Philipp und Dr. habil. Christian Ruscher, Institut für Polymerenchemie der Akademie der Wissenschaften der DDR, 153 Teltow-Seehof, Fernruf: Teltow 4831. Schriftleiter: Joachim Brämer und Dipl.-Chem. Ingeborg Ruscher, 153 Teltow-Seehof, Kantstr. 55. Verlag: Akademie-Verlag GmbH. 108 Berlin, Leipziger Str. 3—4. Satz und Druck: Druckhaus „Maxim Gorki“, 74 Altenburg. — Veröffentlicht unter der Lizenznummer 1280 des Presseamtes beim Vorsitzenden des Ministerrates der Deutschen Demokratischen Republik.

Faserforschung und Textiltechnik

WISSENSCHAFTLICH-TECHNISCHE ZEITSCHRIFT FÜR DIE CHEMIEFASER- UND TEXTILINDUSTRIE

Band 24 Dezember 1973 Heft 12

Über den Einfluß von Diäthylenglykol und anderer Cokomponenten auf das thermooxydative Verhalten von Polyäthylenterephthalat

Heinz Zimmermann und Dietrich Becker

Akademie der Wissenschaften der DDR, Institut für Polymerenchemie in Teltow-Seehof

DK 678.674'524'420:678-9.02:547.422.2:547.461.8:547.584-022:541.929.4:536.495

Anhand von thermoanalytischen Messungen und der Bestimmung der Carboxylgruppenzunahme wurde das thermooxydative Verhalten diäthylenglykolhaltiger Polyäthylenterephthalate beim Erhitzen in fester Phase verfolgt. Mit steigendem Äthergehalt wird der Oxydationsbeginn zu tieferen Temperaturen verschoben und die Oxydationsenthalpie nimmt zu. In gleicher Weise wirkt sich im allgemeinen eine Modifizierung der Polyesterkette in der Säurekomponente, z. B. durch den Einbau von Sebacinsäure oder Sulfoisophthalsäure, negativ aus.

О влиянии диэтиленгликоля и других сокомпонентов на процесс термоокисления полиэтилентерефталата

При помощи термоаналитических исследований и определения изменения содержания карбоксильных групп изучалось протекание процесса термоокисления образцов полиэтилентерефталата, содержащих диэтиленгликоль, при нагревании в твердом состоянии. При возрастающем содержании простого эфира процесс окисления начинается при более низких температурах и энтальпия окисления увеличивается. Аналогичным образом, как правило, отрицательное влияние оказывает и модифицирование кислотного остатка в цепи полиэфира, например, путем введения себациновой или сульфоизофталевой кислот.

On the Effect of Diethylene Glycol and other Cocomponents on the Thermooxidative Properties of Polyethylene Terephthalate

Based on thermoanalytic measurements and the determination of the increase in carboxyl group content the thermooxidative behaviour of polyethylene terephthalates containing diethylene glycol groups during heating in the solid state was examined. With increasing ether content the start of oxidation shifts to lower temperatures and the enthalpy of oxidation increases. In a similar way the modification of the polyester chain in the acid component, e.g. by incorporation of sebacic or sulfoisophthalic acid results in negative effects.

1. Einleitung

Im Herstellungsprozeß von Polyäthylenterephthalat (PÄT) können thermooxydative Einflüsse durch sorgfältige Prozeßführung weitgehend ausgeschlossen werden. Bei der Verarbeitung und Nutzung hingegen können solche Einwirkungen nicht vermieden werden. Diese Belastungen verändern die Eigenschaften des Polymeren in negativer Weise.

Bekanntlich ist die thermische Beständigkeit des PÄT in starkem Maße von den Umesterungs- und Polykondensationskatalysatoren abhängig. Es konnte nachgewiesen werden, daß auch das Ausmaß thermooxydativer Abbaureaktionen, die im Gegensatz zu rein thermischen Abbauprozessen bereits in fester Phase eintreten, von diesen Katalysatoren beeinflußt wird [1]. Bei thermoanalytischen Untersuchungen kommt das im Beginn und der Größe eines exothermen Effektes der DTA-Kurve vor und im Bereich des Schmelzens zum Ausdruck.

2. Einfluß des Diäthylenglykolgehalts auf die thermooxydative Beständigkeit

Das thermooxydative Verhalten eines Polyesters wird außer durch Katalysatoren auch noch durch andere Faktoren bestimmt. In der Literatur und in Patentschriften sind Hinweise zu finden, daß die Licht- und Oxydationsbeständigkeit des PÄT durch einen Gehalt an Diäthylenglykol (DÄG) beeinträchtigt wird. *Buxbaum* [2] gibt an, daß als Modell für eine Äthergruppierung in der Polyesterkette verwendetes 3-Oxapentylendibenzoat bereits bei 130 °C schnell zersetzt wird, im Gegensatz zu Äthylenglykoldibenzoat, das bei dieser Temperatur nicht oxydiert werden konnte.

Die Menge der infolge von Nebenreaktionen während der Polyestersynthese in die Polyäthylenterephthalatkette eingebauten Diäthylenglykolsegmente ist von den Reaktionsbedingungen abhängig, u. a. auch von den Umesterungs- und Polykondensationskatalysatoren. Wir fanden durch gaschromatographische Analysen in Polyestern, die auf DMT-Basis mit Antimonkatalysatoren hergestellt worden waren, zwischen 0,4 und 0,8 Masse% DÄG. In Polyestern, die auf der gleichen Basis mit Germaniumkatalysatoren hergestellt worden waren, wurden zwischen 1,0 und 1,2 Masse% DÄG nachgewiesen. Eine ähnliche Relation wurde auch von *Yoda* [3] beschrieben, der in Sb_2O_3-haltigem PÄT 2,7 Masse% und in GeO_2-haltigem PÄT 3,2 Masse% Diäthylenglykol gefunden hatte.

Das Problem des Äthergehaltes im PÄT verdient vor allem Beachtung im Zusammenhang mit den in den letzten Jahren zunehmende Bedeutung erlangenden Verfahren der PÄT-Herstellung, die nicht mehr von DMT ausgehen, sondern von Terephthalsäure, da hier die Gefahr der Ätherbildung besonders groß ist. In der Patentliteratur wird häufig auf Zusatzstoffe hingewiesen (z. B. Amine), die den Äthergehalt niedrig halten sollen.

Das thermooxydative Verhalten diglykolhaltiger Polyester ist jedoch nicht nur von Interesse im Hinblick auf die Tatsache, daß durch Nebenreaktion eine derartige Veränderung der Primärstruktur des PÄT hervorgerufen werden kann, sondern auch deshalb, weil bekanntlich versucht wurde, verschiedene Eigenschaften des PÄT, z. B. dessen Anfärbbarkeit, durch beabsichtigten Einbau von einigen Prozenten Diäthylenglykol zu verbessern.

Wir haben aus diesem Grunde für systematische Untersuchungen des thermooxydativen Verhaltens gezielt ätherhaltige Polyester durch Zugabe bestimmter Diäthylenglykolmengen bei der Umesterung synthetisiert. Dabei wurden in der Polykondensationsstufe entweder antimon- oder germaniumhaltige Katalysatoren eingesetzt. In den so gewonnenen Co-Polyestern wurde der Diäthylenglykolgehalt gaschromatographisch bestimmt. Dies war erforderlich, da der Äthergehalt durch die Germaniumkatalysatoren auch unter diesen Bedingungen erhöht wurde, so daß der Gesamtäthergehalt höher war, als es der zugesetzten Menge DÄG entsprach. Das thermooxydative Verhalten dieser PÄT-Proben wurde thermoanalytisch untersucht (*Mettler*-Thermoanalyzer. Einwaage ca. 10 mg PÄT; Korngröße 0,125 bis 0,25 mm; Inertsubstanz 15 mg SiO_2; Aufheizgeschwindigkeit 4 grd/min; Atmosphäre 7 l Luft bzw. N_2/h).

Im Bild 1 sind einige Beispiele des in der DTA-Kurve auftretenden exothermen Oxydationspeaks dargestellt. Die thermoanalytischen Meßergebnisse sind in der Tabelle 1 zusammengefaßt. Sie weisen aus, daß der Beginn des exothermen Oxydationspeaks bei den dynamischen DTA-Messungen mit steigendem Äthergehalt merklich sinkt. Schon ein Äthergehalt von wenigen Masseprozent erhöht die Oxydationsempfindlichkeit des PÄT erheblich, so daß die Oxydation bereits bei etwa um 20 bis 30 grd niedrigeren Temperaturen einsetzt. Die erhöhte Oxydationsempfindlichkeit ätherhaltigen Polyäthylenterephthalats kommt auch in dem thermogravimetrisch erfaßbaren Masseverlust zum Ausdruck, der im Bereich des exothermen Oxydationspeaks der DTA-Kurve auftritt. Da der Äthergehalt, wie bereits dargelegt, u. a. auch von den angewandten Katalysatoren bestimmt wird, beeinflussen demnach diese in doppelter Hinsicht das thermooxydative Verhalten (Tabelle 1).

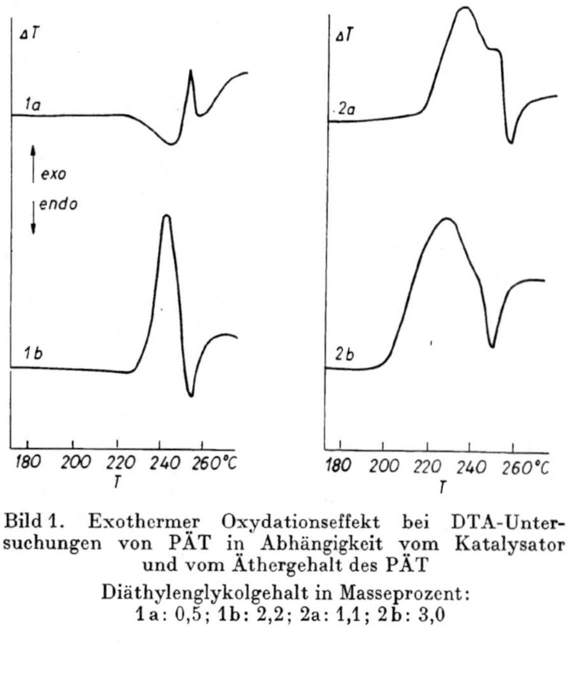

Bild 1. Exothermer Oxydationseffekt bei DTA-Untersuchungen von PÄT in Abhängigkeit vom Katalysator und vom Äthergehalt des PÄT

Diäthylenglykolgehalt in Masseprozent:
1a: 0,5; 1b: 2,2; 2a: 1,1; 2b: 3,0

Tabelle 1. Temperatur des Oxydationsbeginns (T_{OxB}) und Masseverlust (ΔG) von PÄT bei thermoanalytischen Messungen in Abhängigkeit vom Katalysator und dem Äthergehalt (TPPat = Triphenylphosphat)

PÄT	Katalysator	Diäthylenglykol %	T_{OxB} °C	ΔG %
A 719	Sb	0,5	246	0,10
A 631	Mn/Sb/TPPat	0,8	245	0,11
K 376	Mn/Sb/TPPat	1,2	236	0,29
K 372	Mn/Sb/TPPat	4,3	213	0,60
A 716	Ge	1,0	217	0,57
A 660	Mn/Ge/TPPat	1,0	217	0,56
K 326	Mn/Ge/TPPat	3,0	200	0,74
K 322	Mn/Ge/TPPat	5,6	191	0,82
A	Mn/Ge/P	1,8	201	1,06
B	Ca/Sb/P	1,0	246	0,10
C	Mn/Sb/P	0,9	246	0,11
T1	Sb	2,2	224	0,60
T2	Sb	1,3	235	0,50

Das komplexe Zusammenwirken von Äthergehalt und Katalysator auf die thermooxydative Beständigkeit konnte auch bei kommerziellen Proben nachgewiesen werden. In der Tabelle 1 sind als Beispiele die Meßwerte von drei Polyestern unterschiedlicher Provenienz (A, B, C) aufgeführt.

Wie bereits gesagt, können bei der Herstellung von PÄT nach Direktveresterungsverfahren höhere Äthergehalte als bei dem auf DMT-Basis hergestelltem PÄT auftreten. Bei der gaschromatographischen Untersuchung solcher Polyester, die nach Direktveresterungsverfahren unter Verwendung von Antimonktatalysatoren hergestellt worden waren, wurden talsächlich höhere Äthergehalte gefunden, als sie bei Poyestern, die nach einem Umesterungsverfahren in Gegenwart von Antimonkatalysatoren hergestellt wurden, jemals beobachtet wurden. Der thermoanalytisch ermittelte Oxydationsbeginn dieser Polyester (Beispiel Probe T1 und T2 der Tabelle 1) entsprach diesem Äthergehalt, wobei noch nicht sicher entschieden werden kann, ob der Äthergehalt allein für die größere Oxydationsanfälligkeit verantwortlich ist. Die erheblichen Unterschiede in der Oxydationsanfälligkeit der einzelnen Polyester werden auch recht deutlich, wenn man die aus den Flächen der jeweiligen Oxydationspeaks berechneten Oxydationsenthalpien betrachtet, die in der Tabelle 2 zusammengestellt sind.

Als Oxydationspeak wurde die Fläche zwischen den beim Erhitzen unter Luft und unter Stickstoff resultierenden DTA-Kurven ausgewertet, wie es in Bild 2

Tabelle 2. Oxydationsenthalpien ΔH_{Ox} von PÄT in Abhängigkeit vom Katalysator und Äthergehalt (ΔH^*_{Ox}: Oxydationspeak bis 240°C ausgewertet)

Probe	ΔH_{Ox} cal · g^{-1}	ΔH^*_{Ox} cal · g^{-1}
A 719	3,9	—
K 376	18,0	0,9
K 372	7,3	3,9
A 716	34,8	13,3
K 326	19,9	17,5
K 322	30,0	30,0

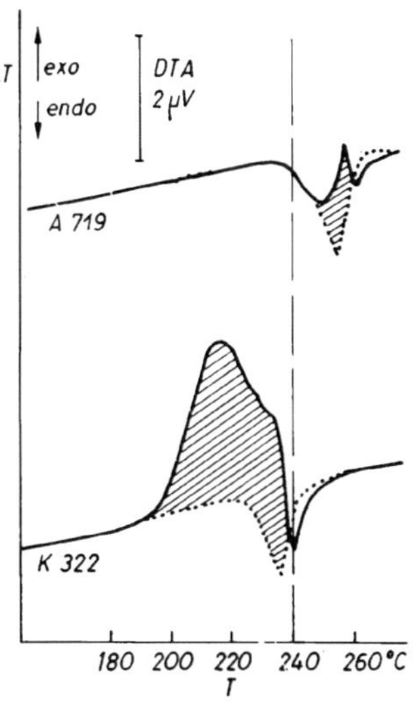

Bild 2. DTA-Kurven von PÄT-Proben mit unterschiedlichem Äther- und Katalysatorgehalt beim Erhitzen unter Luft —— und unter N_2 ······. Auswertung der Peakflächen zur Berechnung von ΔH_{Ox}

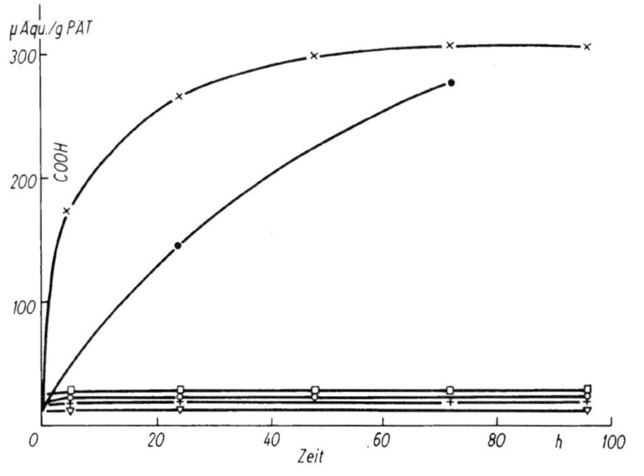

Bild 3. Carboxylgruppenzunahme bei der thermooxydativen Behandlung von PÄT-Proben mit unterschiedlichen Diglykolgehalten und Katalysatoren bei 160 °C unter Luft

×	K 322	▽	K 376
●	K 372	○	T1, T2
□	A 716	+	A 719

dargestellt ist. Die Berechnung der Oxydationsenthalpie erfolgte durch kalorische Eichung des DTA-Meßsystems auf Basis der Schmelzenthalpie des Indiums unter Berücksichtigung der Temperaturabhängigkeit der Indiumempfindlichkeit.

Da der in der DTA-Kurve zum Ausdruck kommende Oxydationseffekt durch die mit dem Schmelzen der Probe verbundene starke Verkleinerung der spezifischen Oberfläche abgebrochen wird, die Schmelztemperatur des PÄT ihrerseits aber vom Äthergehalt abhängt, wird die Größe der Oxydationsenthalpie mit von der Schmelztemperatur bestimmt. Zum besseren Vergleich sind daher in der Tabelle 2 noch die Werte für die Oxydationsenthalpie ΔH^*_{Ox} mit aufgeführt, die sich ergeben, wenn die Peakflächen nur bis 240 °C ausgewertet werden. Diese Grenze wurde ausgewählt, da die Schmelztemperaturen und damit das Ende der Oxydationspeaks der Proben mit hohem Äthergehalt unterhalb dieser Temperatur liegen.

Es sei ausdrücklich betont, daß es sich bei den Zahlenwerten natürlich nicht um Absolutwerte der Oxydationsenthalpie von PÄT, sondern um Relativangaben handelt, die von den vorgegebenen Geräteeinstellungen, der Probenvorbereitung usw. mit beeinflußt werden. Da die Versuchsparameter aber immer gleich waren, ist der Vergleich untereinander jedoch zulässig und gibt ein zutreffendes Bild des Katalysator- und Äthereinflusses.

Parallel zu den thermoanalytischen Untersuchungen unter dynamischen Aufheizbedingungen wurden in einer zweiten Versuchsserie die Polyesterproben unter isothermen Bedingungen längere Zeit unter Luft erhitzt und die Auswirkungen der thermooxydativen Schädigung makromolekular-analytisch anhand der Viskositätsänderung und Carboxylgruppenzunahme verfolgt. Die auf 1 bis 0,5 mm Korngröße zerkleinerten Polyesterproben wurden zunächst bei 120 °C/1 Torr getrocknet und anschließend in einer Schichtdicke von 2 mm unter stehender Luft auf 160 °C erhitzt. In Bild 3 sind die Carboxylgruppenwerte in Abhängigkeit von der Dauer der thermischen Einwirkung dargestellt.

Es ist erkennbar, daß bei hohen Äthergehalten auch bei einer Temperatur, die wesentlich tiefer liegt als die des thermoanalytisch ermittelten Oxydationsbeginns, bei längerer thermooxydativer Belastung ein erheblicher Abbau eintritt. Der Germaniumkatalysator hat auch unter diesen Bedingungen einen stärker negativen Einfluß als der Antimonkatalysator. Bei Äthergehalten bis zu etwa 2% ist jedoch noch keine merkliche Schädigung festzustellen, unabhängig vom Katalysator und vom Herstellungsverfahren (DMT oder T-Säure-Basis).

Zusammenfassend kann über den Einfluß von Diäthylenglykol-Bausteinen in der Polyesterkette auf das thermooxydative Verhalten von PÄT gesagt werden, daß mit zunehmendem Äthergehalt die Stabilität merklich herabgesetzt wird. Dieser Nachteil muß natürlich auch dann in Kauf genommen und beachtet werden, wenn die Primärstruktur des Polyäthylenterephthalats und damit dessen Eigenschaften gezielt modifiziert werden sollen.

2. *Thermooxydative Beständigkeit von in der Säurekomponente modifiziertem PÄT*

Mit der zuletzt getroffenen Feststellung wurde bereits auf eine Problematik im Zusammenhang mit der Modifizierung des PÄT hingewiesen. Eine andere Möglichkeit, die Eigenschaften von PÄT zu beeinflussen, besteht in der Modifizierung der Säurekomponente. Dies kann z. B. durch teilweisen Ersatz der Terephthalsäure durch Sulfoiso- bzw. Sulfoterephthalsäure oder durch aliphatische Dicarbonsäuren, wie z. B. Sebacinsäure, erfolgen. Solche Polyester besitzen bekanntlich eine bessere Anfärbbarkeit.

Die bei der thermoanalytischen Untersuchung von Polyäthylenterephthalat-co-sebacaten erhaltenen DTA-Kurven im Bereich des exothermen Oxydationspeaks sind im Bild 4 dargestellt. Zum Vergleich ist auch die DTA-Kurve eines reinen PÄT in dem gleichen Bereich mit aufgetragen. Es ist eindeutig zu erkennen, daß der Oxydationseffekt mit zunehmendem Sebacinsäuregehalt

Tabelle 3. Thermoanalytisch ermittelter Oxydationsbeginn von Terephthalsäurecopolyestern

Modifizierungskomponente	Katalysator	T_{OxB} °C
1,25% Sebacinsäure	Sb	235
2,5 % ,,	Sb	229
5 % ,,	Sb	206
30 % ,,	Mn/Sb	140
1,25% ,,	Ge	191
2,5 % ,,	Ge	183
5 % ,,	Ge	178
Sulfoisophthalsäure	Zn/Sb/P	213
,,		229

zunimmt. In der Tabelle 3 sind die Temperaturen des Oxydationsbeginns dieser Co-Polyester, die mit Antimonkatalysatoren hergestellt worden waren, und von Copolyestern mit entsprechenden Sebacinsäure-Gehalten, die in Gegenwart von Germaniumkatalysatoren hergestellt worden waren, zusammengestellt. Der unterschiedliche Katalysatoreinfluß auf die thermooxydative Beständigkeit ist auch bei diesen Copolyestern deutlich ausgeprägt. Die starke Oxydationsanfälligkeit des Polyäthylenterephthalat-co-sebacat (70:30) ist sicherlich nicht nur auf den höheren Sebacinsäure-Gehalt, sondern auch zusätzlich auf den in diesem Fall nicht durch Phosphat blockierten Mangankatalysator zurückzuführen. Auf andere Auswirkungen des thermooxydativen Abbaus dieses Copolyesters, wie eine starke Zunahme des Carboxylgruppengehalts und das Auftreten von vergelten Anteilen — letztere wurden durch konduktometrische Partikelzählung in Lösungen der geschädigten Proben erfaßt — ist bereits in einer früheren Publikation [4] hingewiesen worden. Auch bei den Copolyestern mit geringen Sebacinsäuregehalten konnten nach thermooxydativer Schädigung durch konduktometrische Partikelzählung unlösliche Produkte nachgewiesen werden, im Gegensatz zu reinem PÄT, bei dem es unter vergleichbaren Schädigungsbedingungen in keinem Fall zur Bildung derartiger Gelprodukte kam.

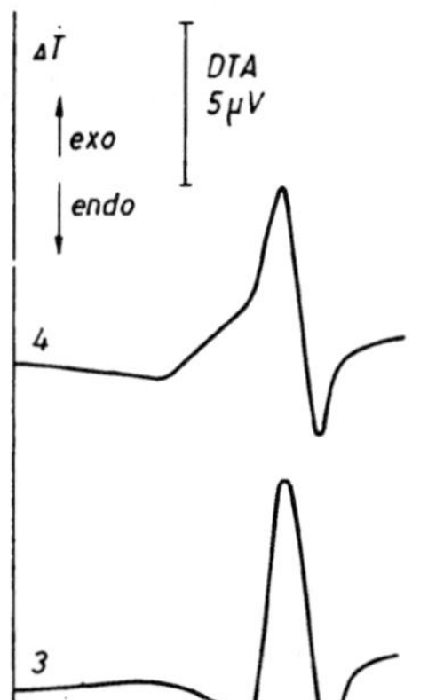

Bild 4. DTA-Kurven von Polyäthylenterephthalat-co-sebacaten beim Erhitzen unter Luft in Abhängigkeit vom Sebacinsäuregehalt. (1) Polyäthylenterephthalat; (2) Polyäthylenterephthalat-co-sebacat (98,75/1,25); (3) Polyäthylenterephthalat-co-sebacat (97,5/2,5); (4) Polyäthylenterephthalat-co-sebacat (95/5)

In gleicher Weise negativ auf das thermooxydative Verhalten des PÄT wie Sebacinsäure wirken sich auch andere Modifizierungskomponenten aus, die für die Beeinflussung bestimmter Eigenschaften des Polyesters durchaus von aktuellem Interesse sind und praktisch genutzt werden. Als Beispiel für das thermooxydative Verhalten von sulfonatgruppenhaltigen Copolyestern sind in der Tabelle 3 die Meßergebnisse an zwei kommerziellen Produkten mit aufgeführt. Bei einer Reihe anderer mit Sulfoisophthalsäure modifizierter Polyäthylenterephthalate war der Oxydationseffekt weniger ausgeprägt; man kann annehmen, daß diese Polyester Antioxydantien enthalten. Wir konnten nachweisen, daß in Gegenwart bestimmter Antioxydantien nicht nur die oxydationsfördernde Wirkung der Katalysatoren in PÄT unterdrückt wird [5, 6], sondern auch die thermooxydative Beständigkeit der Copolyester wesentlich verbessert wird. Auf Einzelheiten wird in einer folgenden Veröffentlichung eingegangen.

4. Experimentelle Angaben

4.1. Darstellung von diglykolhaltigem Bis-(2-hydroxyäthyl)-terephthalat

582 g Dimethylterephthalat (DMT), 31,8 g über festem Kaliumhydroxid destilliertes Diäthylenglykol (DÄG) und 599 g Glykol werden in Gegenwart von 0,156 g Mangan(II) acetat unter Stickstoff umgesetzt. Die Reaktionstemperatur wird während der ersten 2 h auf 165 °C und dann weitere 3 h auf 195 °C eingestellt. In dieser Zeit wird die theoretische Methanolmenge von 243 ccm abgespalten. Anschließend wird der Ansatz noch 1 h bei 200 °C gehalten, dann läßt man auf 150 °C abkühlen und destilliert den größten Teil des überschüssigen Glykols bei 12 Torr ab. Ausbeute: 850 g diglykolhaltiges Vorkondensat. Dieses Produkt wird ohne weitere Reinigung zur Polykondensation eingesetzt.

4.2. Gaschromatographische Diäthylenglykolbestimmung in PÄT

In einem 25 cm^3-Rundkolben werden 2,5 g der unter Kühlung fein gemahlenen PÄT-Probe eingewogen und mit 3 cm^3 95%iger Hydrazinhydrat-Lösung versetzt. Die Reaktionsmischung wird 1 h bei 120 °C unter Rückfluß gekocht. Anschließend wird die Kühlschlange mit ca. 0,5 cm^3 Wasser ausgewaschen und die dazu verwendete Flüssigkeit mit dem Kolbeninhalt vereint. Nach Abkühlung auf Zimmertemperatur wird die Reaktionsmischung in eine G4-Fritte überführt und die Flüssigkeit in ein vorher gewogenes Gefäß abgesaugt, der Kolben mehrmals mit insgesamt 2 cm^3 Wasser ausgespült und ebenfalls durch die Fritte gegeben. Das Gefäß wird nun erneut mit der gesamten Flüssigkeit gewogen und aus der Differenz zur Masse des leeren Gefäßes die Flüssigkeitsmenge ermittelt. Nach Durchschütteln werden 2 µl der Probelösung zur quantitativen Diglykolbestimmung in einen Gaschromatographen mit Flammenionisationsdetektor eingespritzt. Als Trennphase wird, PORA-

PAK Q 50-80 mesh, als Trägergas Argon verwendet. Die Säulentemperatur beträgt 250 °C. Weitere Einstelldaten des Giede-Gaschromatographen „GCHF 18.-3": Temperatur der Probenverdampfungsheizung: 250 °C, *p* Argon: 2,0 kp/cm², *p* Wasserstoff: 0,25 kp/cm², *p* Luft: 1,8 kp/cm².
Die quantitative Auswertung erfolgt durch Planimetrieren der Peakflächen. Dabei wird mit dem Peak einer Eichlösung mit bekanntem, in der gleichen Größenordnung wie die Analyse liegenden Diäthylenglykolgehalt verglichen. Die Einwaage des Diäthylenglykols für die Bestimmung des Eichpunktes erfolgt immer in 4 g eines Gemisches aus 21% Glykol und 79% Wasser.
Die Auswertung erfolgt nach folgender Formel:

$$\text{Masse-\% DÄG} = \frac{\text{FP} \cdot \text{EE} \cdot \text{AP}\,100}{\text{FE} \cdot 4 \cdot \text{EP}};$$

FP = Peakfläche der untersuchten Probe in cm²,
EE = Einwaage Eichpunkt in g,
AP = Auswaage der untersuchten Probe in g,
FE = Peakfläche des Eichpunktes in cm²,
EP = Einwaage der untersuchten Probe in g.

Die Reproduzierbarkeit der Methode wurde an einem diglykolhaltigen Polyester (B) überpfüft:

$\bar{x} = 1{,}1 \; (n = 10)$, $s = 0{,}11$,
$V = 10\%$, $\Delta x_{95} = 0{,}25$.

Für gewissenhafte und fleißige Mitarbeit danken wir Frau *E. Zirbel*, Frau *Ch. Kolbig* und Frau *H. Weigel*.

Literatur

[1] *Zimmermann, H., Schaaf, E.*, und *Seganowa, A.:* Untersuchungen zum thermooxydativen Abbau von Polyäthylenterephthalat. Faserforsch. u. Textiltechnik **22** (1971) S. 255–259.
[2] *Buxbaum, L. H.:* Der Abbau von Polyäthylenterephthalat. Angew. Chemie **80** (1968) S. 225–233.
[3] *Yoda, K.:* Der Einfluß von Katalysatoren auf die Bildung von Ätherbindungen in Polyäthylenterephthalat. Kobunshi Kagaku, Tokyo (Chem. High Polymers) **24** (1967) S. 472–478.
[4] *Becker, D., Zimmermann, H.*, und *Kolbig, Ch.:* Die Bestimmung von unlöslichen bzw. unschmelzbaren Partikeln in Polyäthylenterephthalat nach dem Coulter-Prinzip. Faserforsch. u. Textiltechnik **23** (1972) S. 478–481.
[5] *Zimmermann, H.:* Abbau und Stabilisierung beim Herstellungs- und Verformungsprozeß faserbildender Polyester und Polyamide. Vortrag auf der 12. Internationalen Chemiefasertagung Dornbirn. September 1973.
[6] DLP 85845: Verfahren zur Herstellung von linearen Polyestern vom Typ der Polymethylenterephthalate. Vom 18. 8. 1970. Inh: Zimmermann, Heinz, und Becker, Dietrich. Int. Kl.: C08g, 17/00.

Eingegangen am 8. August 1973

Das Schmelzen von Polyacrylnitril und Copolymeren

Werner Berger, Armin Heller, Wolfgang Thamke und Hans-Jürgen Adler
Technische Universität Dresden, Sektion Chemie

DK 678.745.32:678.745.32-13:536.421.1:536.652:536.628.1:541.66:548.23

Mit einem Differential-Scanning-Calorimeter *(DSC-1B)* wurden von den Copolymeren *AN/IB* und *AN/S* in Abhängigkeit vom Cokomponentengehalt die Schmelzwärmen und Schmelzpunkte bestimmt. Letztere ergeben bei der Auswertung nach der *Flory*schen Theorie die Schmelzwärme pro Monomereinheit Acrylnitril. Diese Werte sowie die Aussagen über einen Gleichgewichtsschmelzpunkt werden einer kritischen Prüfung unterzogen. Aus der Abhängigkeit der direkt gemessenen Schmelzwärme vom Cokomponentengehalt folgt eine Aussage über das Verschwinden der Kristallinität. Die Vereinbarkeit der Ergebnisse mit verschiedenen Strukturmodellen (*Flory*, *Eby*) wird diskutiert.

Процесс плавления полиакрилонитрила и его сополимеров

Методом регистрирующей дифференциальной калориметрии (прибор *DSC-1B*) определялись теплоты и температуры плавления сополимеров акрилонитрила с изобутиленом или стиролом в зависимости от содержания сомономеров. При обработке данных о температуре плавления по теории флори получаются значения теплот плавления в пересчете на мономерный остаток акрилонитрила. Проведено критическое обсуждение этих значений и данных о равновесной температуре плавления. Исходя из зависимости теплот плавления, измеренных непосредственным путем, от содержания сомономеров можно получить информацию о потере кристалличности. Обсуждается соответствие полученных результатов с различными структурными моделями (Флори, Эби).

Melting of Polyacrylonitrile and Copolymers

Melting heat and melting point of *AN/IB* and *AN/S* copolymers have been determined in dependence on the component composition by means of a differential scanning calorimeter (*DSC-1B*). The evaluation of the results by the theory of *Flory* allows to estimate the melting heat per monomer unit of acrylonitrile. These results and the concept of an equilibrium melting point are examined. The dependence of the melting heat, as determined experimentally, on the component composition allows to conclude to the disappearence of crystallinity. The agreement of these results with various structure models (*Flory*, *Eby*) is discussed.

Einleitung

Die Struktur von PVY ist von *Bohn*, *Schaefgen* und *Statton* [1] als eine seitlich geordnete Phase beschrieben worden. Danach liegen die Polymermoleküle in der Art einer hexagonal dichtesten Packung von Zylindern vor. In einem solchen Zylinder von ca. 6 Å Durchmesser befindet sich das durch die weitreichende Wechselwirkung der Nitrildipole sehr unbewegliche Polymermolekül. Die Nitrilgruppen sind in alle Richtungen um die Molekülachse verteilt. Diese Anordnung ist durch sehr gute seitliche Regelmäßigkeit der Zylinder und das Fehlen von Netzebenen senkrecht zu den Molekülachsen gekennzeichnet. Letzteres ist dadurch bedingt, daß äquivalente Gruppen infolge willkürlicher nematischer Verschiebung der Polymermoleküle nicht in Ebenen angeordnet sind. Diese Struktur weist einen Schmelzpunkt auf. In der Tabelle 1 sind die experimentellen Ergebnisse verschiedener Autoren zusammengefaßt [2 bis 6].

Tabelle 1. Schmelzdaten von PVY

Bearbeiter		T/°C	ΔH/cal mol^{-1}	Methode
Krigbaum/ Tokita	[2]	317	1 250 (BL) 1 160 (DMF)	Schmelzpunktserniedrigung mit Lösungsmittel
Layden	[3]	330	—	Schmelzpunktserniedrigung mit Cokomponenten
Slade	[4]	322	573 (VA)	Schmelzpunktserniedrigung mit Cokomponenten
Dunn/ Ennis	[5]	326	—	Direkte Messung mittels DTA
Hinrichsen	[6]	320±5		Eintauchen in Metallbad

Die von *Krigbaum* und *Tokita* auf Grund dilatometrisch gemessener Schmelzpunkte von DMF- und γ-Butyrolacetonlösungen des PVY erhaltene Schmelzenthalpie und Entropie (2 cal/mol grd) gelten als unverfälschte Werte für das Schmelzen einer Monomereinheit AN. Zur Diskussion dieser Ergebnisse wird die *Flory*sche Theorie [7] der semiflexiblen Kettenmoleküle benutzt. Danach werden bei der Kristallisation zwei Stufen betrachtet:

1. Die kooperative Parallellage der Ketten ohne Veränderung der intermolekularen Wechselwirkung,
2. Die Zunahme der intermolekularen Wechselwirkung als Folge einer sich einstellenden besseren Packung.

Es wird gezeigt, daß auf Grund der geringen Kettenflexibilität (Flexibilität im Sinne einer Abweichung von der gestreckten Gestalt benutzt) von PVY die kooperative Parallellage gegenüber einer amorphen Unordnung die niedrigere freie Enthalpie besitzt und für die Kristallisationstendenz deshalb die durch intramolekulare Kräfte hervorgerufene geringe Flexibilität verantwortlich ist. Der im Vergleich zu anderen Polymeren kleine Wert von ΔH_u weist auf die untergeordnete Rolle der intermolekularen Wechselwirkung hin.

Bei der differentialthermoanalytischen Untersuchung des Schmelzens von Polymeren tritt das Problem der Zuordnung des Schmelzpunktes zur Lage des Schmelzpeaks auf. In der Arbeit von *Layden* wird der Beginn der endothermen Wärmetönung als Schmelztemperatur definiert. Die Schmelztemperatur von 330 °C ergibt sich durch einen sehr willkürlichen Kurvenverlauf bei der Extrapolation auf den Cokomponentengehalt Null.

Slade interpretiert seine ebenfalls mittels DTA erhaltenen Ergebnisse am Copolymerisat *AN/VA* mit Hilfe der *Flory*schen Beziehung [8]

$$\frac{1}{T_m} - \frac{1}{T_m{}^0} = -\frac{R}{\Delta H_u} \ln (1 - x_B). \qquad (1)$$

Diese gilt unter der Voraussetzung, daß die Cokomponente nicht in die kristallinen Bereiche eingebaut werden kann, für statistische Copolymerisate, was für das System AN/VA nicht zutrifft. Unter der Annahme, daß der von *Krigbaum* und *Tokita* ermittelte Wert für ΔH_u gültig ist, muß der Molenbruch der Cokomponente x_B mit einem Störfaktor multipliziert werden, um die starke Schmelzpunkterniedrigung zu erklären. Der Wert 2 für AN/VA besagt, daß die Zahl der für die kristalline Struktur nicht zugänglichen Monomereinheiten, nach *Slade* Defektstellen, doppelt so groß wie die Zahl der Copolymereinheiten ist.

Unter Ausnutzung der Induktionsperiode der exothermen Reaktion des PVY ist es *Dunn* und *Ennis* sowie *Hinrichsen* gelungen, das Schmelzen direkt bei Anwendung hoher Aufheizgeschwindigkeiten zu messen. In diesen Fällen ist die Frage zu stellen, in welchem Maße durch die polymerspezifische thermische Leitfähigkeit und die Trägheit der Meßanordnung eine Verschiebung des Schmelzens zu höheren Temperaturen auftritt. *Hinrichsen* beobachtete das Aufschmelzen in Abhängigkeit von der Verweilzeit der Proben im flüssigen Metallbad. Bei längeren Verweilzeiten wird das Aufschmelzen bei niedrigen Temperaturen erreicht, wobei eine Verweilzeit von 20 s entsprechend einer Temperatur von 320 °C wegen der thermischen Instabilität des PVY nicht überschritten werden konnte.

Dunn und *Ennis* fanden bei einer Steigerung der Aufheizgeschwindigkeit von 40 grd/min auf 100 grd/min eine unwesentliche Änderung der Schmelztemperatur von 2 grd.

Das Ziel der vorliegenden Arbeit ist die Messung der Schmelzpunktdepression durch andere Cokomponenten und die Überprüfung der Aussagen für die Struktur von PVY.

Experimentelle Durchführung

Reines Polyacrylnitril sowie die Copolymerisate mit Isobutylen und Styrol wurden durch Lösungs- bzw. Substanzpolymerisation hergestellt. Mehrmaliges mehrstündiges Waschen mit Methanol diente der Entmonomerisierung bzw. dem Entfernen des Lösungsmittels. Reste von DMF wurden durch 2 h Kochen in schwach angesäuertem Wasser entfernt. Anschließend erfolgte 24 h Trocknung bei 40 °C im Vakuumtrockenschrank.

Die Zusammensetzung der Copolymerisate ergab sich über eine Stickstoffbestimmung nach *Kjeldahl* und zu Vergleichszwecken bei einigen Produkten durch CHN-Analyse mit einem Elemental Analyser Modell 1102 der Firma Carlo Erba.

Zur Untersuchung des Schmelzens stand ein Differential-Scanning-Calorimeter DSC-1B der Firma Perkin zur Verfügung. Die Aufnahmebedingungen waren folgende:

Einwaage:	ca. 2 mg,
Referenzsubstanz:	keine,
Aufheizgeschwindigkeit:	64 grd/min,
Empfindlichkeit:	4 mcal/s für Vollausschlag des Schreibers,
Atmosphäre:	Reinstickstoff.

Ergebnisse und Diskussion

Auf Grund der Verschiebung der exothermen Reaktion zu höheren Temperaturen war das Schmelzen von Polyacrylnitril bei Aufheizgeschwindigkeiten von 64 grd/min gut meßbar. Im Vergleich zu reinem PVY schmelzen die Copolymeren, gemessen an der Wärmetönung, in einem breiten Temperaturintervall. Bild 1 zeigt einige DSC-Aufnahmen von AN/IB-Copolymeren verschiedener Zusammensetzung. Als Schmelztemperatur bezeichneten wir anstelle des oft ungenauen feststellbaren Peakendes die hinreichend gut reproduzierbare Temperatur der Peakmaxima. Zur Extrapolation auf den Cokomponentengehalt Null wurden die reziproken Werte der so gemessenen Schmelztemperaturen als Funktion von $\ln x_{AN}$ (x_{AN} = Molenbruch des Acrylnitrils) aufgetragen (Bild 2). Aus dieser Darstellung ergibt sich für reines PVY eine Schmelztemperatur von

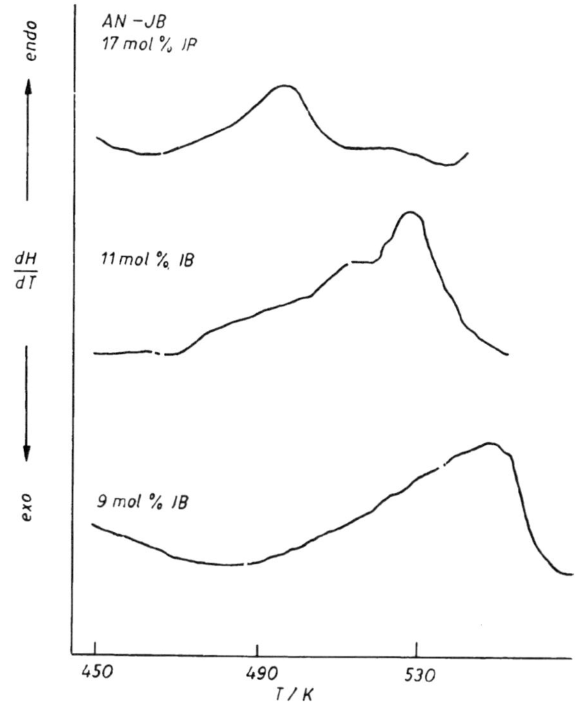

Bild 1. Schmelzpeaks von Polyacrylnitril/Isobutylen-Copolymerisaten verschiedener Zusammensetzung

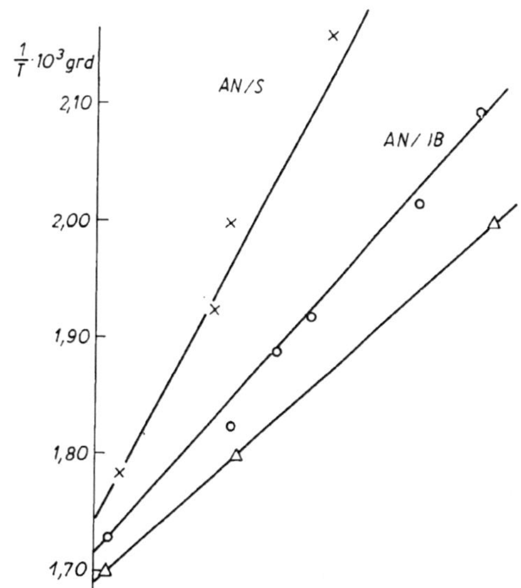

Bild 2. Reziproke Schmelztemperaturen verschiedener Copolymerenzusammensetzungen Acrylnitril/Styrol und Acrylnitril/Isobutylen in logarithmischer Abhängigkeit vom Molenbruch des Acrylnitrils

330 °C im Vergleich zu einem direkt gemessenen Wert von 335 °C. In Bild 2 ist zum Vergleich eine Gerade mit der von *Krigbaum* und *Tokita* gefundenen Schmelzenthalpie von 1,25 kcal/mol eingetragen.

Zur Auswertung der Ergebnisse stehen die auf klar definierten Voraussetzungen gegründeten Modelle von *Flory* [9] und *Eby* [10] zur Verfügung, die im folgenden zur Diskussion der Ergebnisse verwendet werden sollen.

Voraussetzungen der *Flory*schen Theorie sind

1. daß die Cokomponenten nicht in die kristallinen Bereiche eingebaut werden können, und
2. daß sich ein Gleichgewichtszustand zwischen Kristalliten der Länge ζ und gleichlangen Folgen von Monomereinheiten der kristallisationsfähigen Komponente einstellt.

Unter Berücksichtigung einer mit der Ausbildung der kristallinen Bereiche verbundenen Grenzflächenenergie σ ist die grundlegende Beziehung für die Untersuchung, wobei Verfeinerungen dieser Theorie insbesondere durch *Flory* und *de Vrij* [12] sowie *Kilian* [13] unberücksichtigt bleiben, da die hier vorliegenden Meßergebnisse einen solchen Aufwand nicht rechtfertigen:

$$-\frac{\zeta \Delta H_u}{R}\left(\frac{1}{T_\zeta} - \frac{1}{T_\infty^0}\right) + \frac{2\sigma}{RT} - \ln a_\zeta = 0 \qquad (2)$$

(T_∞^0 = Schmelzpunkt eines sehr großen Kristallites im reinem Polyacrylnitril), wobei die Aktivität a_ζ einer Folge der Länge ζ gleich der Wahrscheinlichkeit ihres Auftretens ist:

$$a_\zeta = x_{AN} p_{ANAN}^{\zeta-1} \qquad (3)$$

(p_{ANAN} = Wahrscheinlichkeit, daß auf eine Monomereinheit AN eine weitere folgt). Nur für den Fall $\zeta \to \infty$ geht Formel (3) in

$$\frac{1}{T_\infty} - \frac{1}{T_\infty^0} = -\frac{R}{\Delta H_u} \ln p_{ANAN} \quad \text{über} \qquad (4)$$

(T_∞ Schmelzpunkt eines sehr großen Kristallites im Copolymeren). Zur Ermittlung des durch Kristallitgrößeneffekte unbeeinflußten Gleichgewichtsschmelzpunktes von PVY müßte $1/T_\infty$ als Funktion von $\ln p_{ANAN}$ aufgetragen werden.

Als Gleichgewichtsschmelzpunkt für das Copolymere kommt am ehesten die Temperatur, die durch das Ende des Schmelzpeaks angezeigt wird, in Frage. Es ist aber zu berücksichtigen, daß

1. selbst im thermodynamischen Gleichgewicht der Anteil an sehr großen kristallinen Bereichen vernachlässigbar klein ist, so daß eine zugehörige Wärmetönung beim Schmelzen unterhalb jeder Nachweisgrenze liegt, und
2. kinetische Hemmungen zusätzlich die Ausbildung größerer kristalliner Bereiche verhindern.

Wie in der Arbeit von *Flory* gezeigt wird, hängt der für den Nachweis notwendige Anteil von kristallinen Bereichen oberhalb einer bestimmten Länge von der Grenzflächenspannung und dem Cokomponentengehalt ab. Auf Grund der Festlegung der Schmelztemperaurt

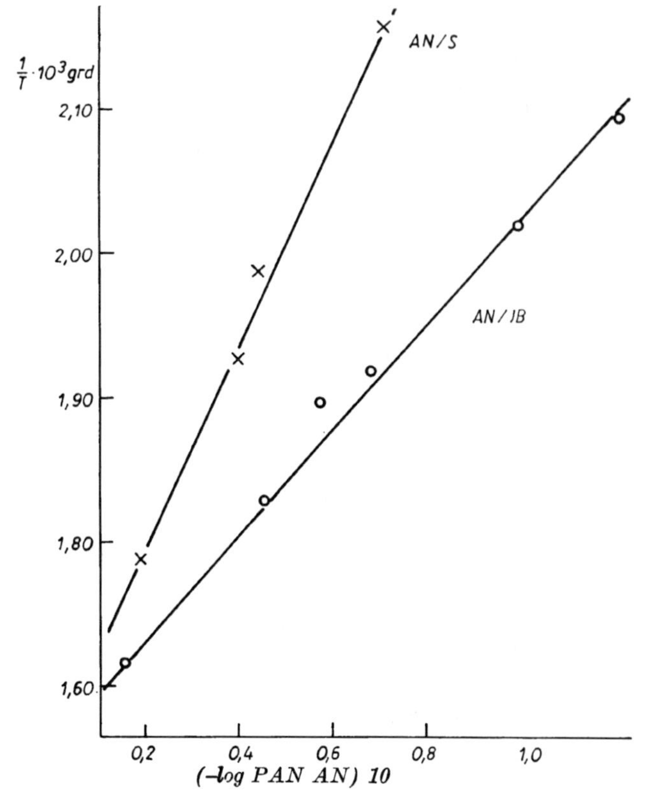

Bild 3. Reziproke Schmelztemperaturen der Copolymeren Acrylnitril/Styrol und Acrylnitril/Isobutylen in logarithmischer Abhängigkeit von der Anlagerungswahrscheinlichkeit des Acrylnitrils

als Anfang, Maximum oder Ende des Schmelzpeaks ergibt sich bei einer Extrapolation als Funktion von $\ln p_{ANAN}$ nicht die Gleichgewichtsschmelztemperatur, sondern ein kleinerer Wert. Die aus dem Anstieg $\partial(1/T)/\partial \ln p_{ANAN}$ berechnete Schmelzwärme ist wieder nur im Falle $\zeta \to \infty$ unverfälscht. In allen anderen Fällen kommt ein Fehler insbesondere dann zustande, wenn die der Schmelztemperatur zugeordnete Kristallitgröße mit der Comonomerzusammensetzung variiert. In Bild 3 ist die Abhängigkeit der am endothermen Maximum gemessenen Temperatur als Funktion von $\ln p_{ANAN}$ dargestellt. Aus den Geraden für die Copolymeren AN/IB und AN/S wurden die in der Tabelle 2 angegebenen Schmelzwärmen berechnet. Im ersten Fall stimmt die Schmelzwärme mit der von *Krigbaum* und *Tokita* angegebenen überein. Falls man diese Werte

Tabelle 2. Schmelzdaten von PVY

T in °C	ΔH in cal mol^{-1}	Methode
335	535	direkte Messung mittels DTA
330	1259 (IB) 650 (S)	Schmelzpunktserniedrigung mit Cokomponenten

Störparameter der Cokomponenten

Vinylacetat	2,0 (nach *Slade*)
Isobutylen	1,23
Styrol	2,06

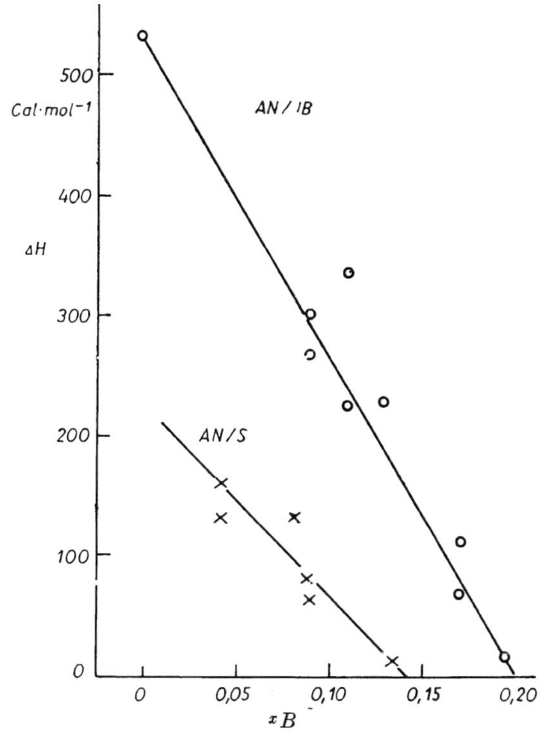

Bild 4. Schmelzenthalpien der Copolymeren Acrylnitril/Isobutylen und Acrylnitril/Styrol als Funktion des Molenbruchs der Cokomponenten

als unverfälscht annimmt, wäre der niedrigere Wert der Schmelzwärme, der aus den Messungen im Copolymersystem *AN/S* resultiert, nach der *Flory*schen Theorie damit zu erklären, daß sich die gemessene Schmelztemperatur mit zunehmendem Styrolgehalt auf kleiner werdende Kristallite bezieht.

Da sich die Anlagerungswahrscheinlichkeit p_{ANAN} im *AN/IB*- und *AN/S*-Copolymerisat nicht wesentlich unterscheidet, muß man schlußfolgern, daß Styrol als Cokomponente auf Grund anderer Eigenschaften einen zusätzlichen Abbau der Kristallite bewirkt.

Zur Unterstützung dieser Ansicht lassen sich die aus den Schmelzpeaks bestimmten Schmelzwärmen anführen, die in Bild 4 dargestellt sind. Sie lagen bei gleicher Zusammensetzung im Copolymerisat mit *S* niedriger. Außerdem wird die Kristallinität bei ca. 15 mol% *S*, dagegen erst bei ca. 20 mol% *IB* gleich Null. Interessant ist weiterhin die Feststellung, daß die an reinem PVY direkt gemessene Schmelzwärme etwa auf der extrapolierten Geraden für die Schmelzwärmen der *AN/IB*-Copolymerisate liegt.

Weitergehende Schlüsse sollen wegen der beträchtlichen Streuung der Meßwerte und der sicher nicht gewährleisteten Einstellung eines Gleichgewichts der Kristallisation nicht gezogen werden.

Geht man in der von *Slade* beschriebenen Art vor, so ergeben sich für die Störfaktoren, mit denen die Molenbrüche der Cokomponenten zu multiplizieren sind, die in Tabelle 2 eingetragenen Werte. Legt man dagegen Bild 3 für eine solche Auswertung zugrunde, so würde die Vereinbarkeit des Geradenanstiegs für die *AN/IB*-Copolymeren mit der Schmelzwärme von 1,25 kcal/mol bedeuten, daß das *IB* ohne zusätzliche Störung nur auf Grund der Tatsache, daß es in den kristallinen Sequenzen nicht vorkommt, den Schmelzpunkt herabsetzen.

Im Anschluß an die *Flory*sche Theorie soll die Frage diskutiert werden, welcher kristallinen Struktur der Gleichgewichtsschmelzpunkt zuzuordnen wäre. In dem Maße, in dem die Cokomponente nicht in die kristallinen Bereiche des PVY eingebaut werden kann, könnte auch die kristalline Ordnung für syndiotaktische und isotaktische Sequenzen unvereinbar miteinander sein. Legt man die von *Krigbaum* und *Tokita* berechneten Potentialdiagramme für Konformationsbetrachtungen zugrunde, so sollten die isotaktischen Sequenzen als 3/1-Helices (*S*(3/1)1) und die syndiotaktischen Sequenzen als Kette mit Gleitebenensymmetrie (*tc*) vorliegen.

In der von *Corradini* [11] benutzten Nomenklatur kann das wie folgt dargestellt werden:

$$-CH_2-\underset{CN}{CH}-CH_2-\underset{CN}{CH}-CH_2-\underset{CN}{CH}-CH_2-$$

isotaktische Konfiguration (Helices)

$$\begin{array}{cccccc} + & - & + & - & + & - \\ G+ & T & G+ & T & G+ & T \\ T & G- & T & G- & T & G- \end{array}$$

syndiotaktische Konfiguration (Gleitebenensymmetrie)

$$\begin{array}{cccccc} + & + & - & - & + & + \\ T & G+ & T & G- & T & G+ \end{array}$$

Die zick-zack-Kette und die S(2/1)2-Helix sind als mögliche kristalline Konformationen für die syndiotaktischen Sequenzen weniger wahrscheinlich, weil in diesen Fällen die zwischen zwei Methylengruppen der Kette auftretende TT-Konformation energetisch ungünstiger ist.

Betrachtet man die genannten, energetisch günstigen Konformationen, so fällt der große Unterschied im Kettenquerschnitt und die völlig geänderte Ausrichtung der CN-Dipole auf. Eine willkürliche Austauschbarkeit beider Strukturen in den kristallinen Bereichen ist schwer vorstellbar. Weiterhin sind für die Aufeinanderfolge syndio- und isotaktischer Kettenabschnitte in den energetisch günstigen Lagen Winkel $\neq 180°$ zu erwarten, so daß eine stäbchenförmige Parallellage mit einem Energieaufwand verbunden ist. Für die Schmelzpunkte hätte die Tatsache, daß entweder nur die iso- oder die syndiotaktischen Sequenzen kristallisationsfähig sind, folgende Konsequenz:

Die Aktivität der kristallisationsfähigen taktischen Sequenz ist wesentlich kleiner. Bei völlig statistischer Aufeinanderfolge von iso- und syndiotaktischen Konfigurationen, wie sie im PVY wohl vorliegt, lautet der Ausdruck für die Aktivität:

$$\left(\frac{1}{2}x_{AN}\right)\left(\frac{1}{2}p_{ANAN}\right)^{\zeta-1}. \qquad (5)$$

Analog zu Formel (4) ergibt sich dann:

$$-\frac{\zeta\Delta H_u}{R}\left(\frac{1}{T_\zeta}-\frac{1}{T_\infty^\circ}\right)+\frac{2\sigma}{RT_\zeta}=\ln x_{AN}p_{ANAN}^{\zeta-1}-\zeta\ln 2. \qquad (6)$$

Daraus geht hervor, daß sich die aus dem Anstieg der Geraden in der Darstellung $1/T = f(\ln p_{ANAN})$ berechnete Schmelzwärme nicht ändert, der Gleichgewichtsschmelzpunkt aber zu unvernünftig hohen Werten verschiebt. Aus diesem Ergebnis muß man folgern, daß die Erweiterung des *Flory*schen Modells in dem Sinne, daß im ataktischen PVY nur eine taktische Konfiguration kristalline Bereiche bildet, unreal ist.

Von folgenden völlig anderen Voraussetzungen bei der Interpretation des Schmelzens wird in dem von *Eby* abgeleiteten Formalismus ausgegangen:

1. Für ein partiell kristallines Polymeres wird eine uniforme insgesamt als kristallin aufzufassende Struktur postuliert, in die alle mit einer perfekten kristallinen Ordnung unvereinbaren Strukturelemente wie Comonomereinheiten, Molekülenden, Kettenfaltungen usw. als Defektstellen eingebaut sind.
2. Die Gleichgewichtsbedingung wird nicht für kristallisationsfähige Sequenzen bestimmter Länge, sondern für Volumenelemente allerdings nicht definierter Größe formuliert.

Zur freien Enthalpie eines Volumenelements tragen die in den perfekten und gestörten Ordnungszuständen vorhandenen energetisch unterschiedlichen Monomereinheiten bei. Für jedes Volumenelement gilt entsprechend seiner freien Enthalpie ein bestimmter Schmelzpunkt. In der Näherung, daß die Schmelzenthalpie der Defektstellen klein im Vergleich zur Schmelzenthalpie der perfekten Ordnung ist, leitet *Eby* eine der *Flory*schen ähnliche Formel ab:

$$\frac{1}{T_m} - \frac{1}{T'_m} = \frac{\Delta S_i}{\Delta H_u} \cdot x_B \qquad (7)$$

(T'_m = Schmelztemperatur einer nicht notwendig defektstellenfreien Struktur, ΔS_i = Schmelzentropie einer durch den Einbau der Cokomponente gestörten Monomereinheit Acrylnitril).

Obwohl die Betrachtungen von *Eby* der tiefgehenden statistischen Analyse der *Flory*schen Theorie nicht äquivalent sind, ergeben sich für die Interpretation unserer Meßergebnisse folgende Schlußfolgerungen:

1. Die Meßergebnisse sind auch mit einer Struktur vereinbar, wie sie in den Voraussetzungen der *Eby*schen Theorie genannt werden.
2. Eine aus dem Geradenanstieg in der Darstellung $1/T = f(x_B) = f(\ln x_{AN})$ berechnete Schmelzwärme ist fehlerhaft, weil die Schmelzentropie (bzw. eine komplexere Größe) im allgemeinen nur annähernd mit der Gaskonstanten übereinstimmt.

Die Aussagen bezüglich der Struktur kann man folgendermaßen einschätzen: Einmal gilt nach dem Strukturmodell von Polyacrylnitril, daß die kristallinen Eigenschaften in der Parallellage der Ketten bestehen, zum anderen wird nach der *Flory*schen Theorie der Ausschluß der Cokomponente aus dieser kristallinen Ordnung gefordert. Insbesondere bei isolierten (Sequenzlänge 1) Comonomereinheiten, wie sie im Copolymerisat *AN/IB* vorliegen, ist wahrscheinlich, daß nur eine geringe Störung der parallelen Ordnung auftritt, zumal diese sogar mit iso- und syndiotaktischer Sequenzfolge vereinbar ist. Die Annahme, daß die aus den kristallinen Bereichen ausgeschlossenen Comonomereinheiten dieselbe Entropie und Energie wie in der Schmelze haben, ist wenig wahrscheinlich. Ein Strukturmodell, das die Comonomereinheiten als Defektstellen mit variablem Energieinhalt in einer kristallinen Phase ansieht, ist zu bevorzugen.

Literatur

[1] *Bohn, C. R., Schaefgen, J. R.,* und *Statton, W. O.:* Laterally ordered polymers: Polyacrylonitrile and poly-(vinyl trifluoracetat). J. Polymer Sci. **55** (1961) S. 531—549.
[2] *Krigbaum, W. R.,* und *Tokita, N.:* Melting point depression study of polyacrylonitrile. J. Polymer Sci. **43** (1960) S. 476—488.
[3] *Layden, G. K.:* Determination of melting of PAN-MMA copolymer fibers by differential thermal analysis. J. appl. Polymer Sci. **15** (1971) S. 1283—1285.
[4] *Slade, P. S.:* The melting of polyacrylonitrile. Thermochim. Acta **1** (1970) S. 5459—5463.
[5] *Dunn, P.,* und *Ennis, B. C.:* Thermal analysis of polyacrylonitrile. Part. 1. J. appl. Polymer Sci. **14** (1970) S. 1795—1798.
[6] *Hinrichsen, G.:* Untersuchungen zum Schmelzen von Polyacrylnitril. Angew. makromol. Chemie **20** (1971) 285, S. 121—127.
[7] *Flory, P. J.:* Statistical thermodynamics of semi-flexible chain molecules. Proc. Roy Soc., London A **234** (1956) S. 60—72.
[8] *Flory, P. J.:* Principles of polymer chemistry. Ithaca, New York, Cornell University Press, 1953, Chapter **13.**
[9] *Flory, P. J.:* Theory of crystallisation in copolymers. Trans. Faraday Soc. **51** (1955) S. 848—857.
[10] *Eby, R. K.:* First-order transition temperatures in cristalline polymers. J. appl. Physics **34** (1963) 8, S. 2442—2445.
[11] *Corradini, P.:* Chain conformation and crystallinity. In: The Stereochemistry of Macromolecules. Edited by *A. D. Ketley.* New York: Marcel Dekker 1968, Volume 3, S. 1—60.
[12] *Flory, P. J.,* und *Vrij, A.:* Melting point of linear-chain homologs. The normal paraffin hydrocarbons. J. amer. chem. Soc. **36** (1963) S. 3548—3553.
[13] *Kilian, H.-G.:* Phänomenologische „Thermodynamik" des Schmelzens von Polymeren. Kolloid-Z. u. Z. Polymere **231** (1969) S. 534—555.

Eingegangen am 18. Juli 1973

Faserforschung und Textiltechnik 24 (1973) Heft 12

Über den Einfluß von Zusätzen auf die Licht- und Wärmebeständigkeit von Polyamid-6-Seiden

Gerhard Holy

VEB Chemiefaserkombinat Schwarza „Wilhelm Pieck", Rudolstadt-Schwarza, Direktorat Forschung, und

Gottfried Glöckner

Technische Universität Dresden, Sektion Chemie

DK 677.494,675'126-487.1/.2:677.862:677.862,5:677.017.84

Mit einer Laborspinnapparatur wurde Polycaprolactam zu Seiden gesponnen. Das Polycaprolactam wurde mit verschiedenen Zusätzen, Verbindungen des Kupfers, Eisens, Silbers und Mangans, z. T. in Kombination mit TiO_2 als Mattierungsmittel bzw. Lactamhydroperoxid und seinen Umwandlungsprodukten eingesetzt. Die Konzentration der Zusätze wurde variiert. Untersucht wurde der Festigkeitsabfall nach der Bestrahlung im Xenotestgerät bzw. nach thermisch-oxydativer Beanspruchung. Die Zusätze beeinflussen den Festigkeitsabfall unterschiedlich. Dabei wirkt sich auch die Konzentration der Zusatzstoffe aus. Die Ergebnisse werden unter Berücksichtigung bisher vorgeschlagener Mechanismen für die thermisch-oxydative und fotochemische Schädigung von Polycaprolactam diskutiert.

О влиянии добавок на свето- и термостойкость поликапроамидных текстильных нитей

Из поликапролактама, содержащего добавки соединений меди, железа, серебра и марганца, частично в комбинации с двуокисью титана в качестве матирующего средства, или гидроперекись лактама и продукты ее превращения, на лабораторной установке были сформованы текстильные нити. Опыты проводились при различных концентрациях вышеуказанных добавок. Изучалось снижение прочности нити после облучения в приборе „Ксенотест" и в результате термоокислительных воздействий. Установлено различное влияние добавок и их концентрации на снижение прочности. Полученные данные обсуждаются с учетом существующих механизмов термоокислительной и фотохимической деструкции поликапролактама.

On the Effect of Additives on the Resistance to Light and Heat of Polyamide-6-Filament Yarns

Polycaprolactame containing various additives, as compounds of copper, iron, silver, manganese, partially combined with TiO_2 as delustering agent, and lactam hydroperoxide or its derivatives, was spun to multifilament yarns on a laboratory spinning device. The concentration of the additives was varied. The loss in strength was determined after irradiation of the filaments in a xenotest device or thermooxydative degradation. The loss in strength was found to be affected by the kind and concentration of the additives. The results are discussed with respect to the mechanisms proposed until now for thermooxydative degradation and photochemical destruction of polycaprolactam.

1. Einleitung — Problemstellung

Ausgehend von Schädigungen, die beim Gebrauch von Artikeln aus PA-S auftraten, wurden Untersuchungen über den Einfluß von Zusätzen von Schwermetallverbindungen durchgeführt. Dabei interessierte in erster Linie die Schädigung durch das dem Sonnenlicht ähnliche Spektrum eines Xenotestgerätes und die thermische Oxydation.

An dieser Stelle soll kurz auf die Arbeiten eingegangen werden, die sich mit der phänomenologischen Wirkung von Schwermetallzusätzen befaßt haben. Erste Untersuchungen über die Lichtschädigung von Faserstoffen wurden an den klassischen Faserstoffen Viskosefaser und Seide durchgeführt. *Agster* und *Walz* [1] stellten dabei fest, daß TiO_2 den Abbau von Cellulose durch Licht sehr stark katalysiert. Sie übertrugen ihre Arbeiten auf die Polyamidfaserstoffe und fanden den gleichen Effekt der Schädigung. Ebenso verfuhren *Sippel* u. Mitarb. [2, 3, 4]. In einer weiteren Arbeit hatte *Agster* [5] mitgeteilt, daß Eisen den Lichtabbau von Cellulose katalysiert. Diese Erkenntnisse wurden, z. T. ohne weitere Untersuchungen, auch auf andere Faserstoffe übertragen. Ergebnisse über den Einfluß auf den thermooxydativen Abbau wurden nicht mitgeteilt. Anders verhielt es sich bei den Untersuchungen über die Wirkung des Kupfers. *Agster* [5] konnte hier eine Schädigung bei Cellulosefaserstoffen nachweisen. Für Polyamide wurde sowohl eine Verbesserung der Licht- als auch der thermooxydativen Beständigkeit gefunden [6 bis 9], die jedoch nicht über die des ohne TiO_2-Zusatz hergestellten Polyamids hinaus ging, also nur die sensibilisierende Wirkung des TiO_2 kompensierte. Daneben wurde auch die Wirkung von Cr und Al untersucht und festgestellt, daß mit bestimmten Chromverbindungen positive, mit anderen negative Ergebnisse erzielt werden können.

Die besten Ergebnisse zur Lichtstabilisierung wurden mit Mangansalzen erzielt. Das führte dazu, daß heute in der Praxis der Herstellung von Polyamidseiden weltweit Manganverbindungen als Lichtstabilisator eingesetzt werden.

Mit Manganzusätzen kann man den sensibilisierenden Einfluß des TiO_2 völlig kompensieren und darüber hinaus noch eine Schutzwirkung des Polymeren erzielen. Über den Einfluß auf die Thermooxydation wurde bisher nichts ausgesagt.

Im Gegensatz zu der ziemlich umfangreichen Zahl von Arbeiten über die Tendenz der Wirkung von Schwermetallzusätzen auf die Licht- und Wärmebeständigkeit waren Veröffentlichungen über den Einfluß der Konzentration dieser Zusätze und über die als Schwellenwerte wirksamen Mengen nicht bekannt. Mit dieser Arbeit soll ein Beitrag zur Kenntnis dieser Zusammenhänge geleistet werden.

2. Versuchsbedingungen

Das Polycaprolactam wurde in Glasreaktoren mit einem Fassungsvermögen von 250 ml unter Zusatz von ε-Aminocapronsäure als Initiator und 1/250 mol Essigsäure (als 18%ige Lösung) zur Polymerisationsgradbegrenzung hergestellt. Bei der Herstellung von mattiertem Polyamid wurde die TiO_2-Menge als Suspension in Lactamwasser mit ca. 120 g TiO_2/l flüssige Phase zugesetzt und das Reaktionsgemisch während der ersten 2 h intensiv gerührt. Die zugesetzte Schwermetallverbindung wurde so bemessen, daß die Konzentration des Metallions, bezogen auf Polyamid, die angegebenen Werte erreichte. Die Reaktionsdauer betrug 7 h. Es wurde auf $< 1\%$ Extraktgehalt extrahiert und bei 15 bis 20 Torr und 100 °C 8 h getrocknet. Die auf einer Laborspinnapparatur [10] ersponnene Seide wurde auf einer Streckzwirnmaschine SZ 3007 mit dem Reckverhältnis 1:3,97 bis 4,12 gereckt, so daß eine PA-S von der Feinheit 6,8 tex daraus resultierte. Die Belichtung wurde in einem Xenotestgerät 150 der Quarzlampengesellschaft Hanau unter folgenden Bedingungen vorgenommen: $t = 0$ bis 400 h; $T = 40$ °C; rel. Feuchte $= 40\%$; Filter „Sonnenlicht hinter Fensterglas". Ermittelt wurde das Belichtungs-Reißkraft-Verhältnis [11] der im Xenotest t Stunden belichteten Proben.

Zur thermischen Behandlung wurden abgeweifte Stränge in einem Trockenschrank auf 150 °C 60 min lang unter Luft oder N_2 erhitzt und das Temperungs-Reißkraft-Verhältnis ermittelt. Die verbleibende Reißkraft ist in den folgenden Diagrammen als Prozentsatz der Anfangsfestigkeit angegeben.

3. *Versuchsergebnisse*

3.1. *Einfluß von Schwermetallsalzen auf die Lichtbeständigkeit*

Im Bild 1 ist die Abbaukurve für PA-S 6,8 tex (12) dargestellt. Das Polymere wurde unter Zusatz des TiO_2-Typs KRONOS AD, das keinen lichtstabilisierenden Zusatz enthält, hergestellt. Diese Seide wurde bei allen Belichtungen als Standard eingesetzt. Eine Bestimmung der Fehlergrenzen der Methode an diesem Material ergab für P_{Bx400}

$$\bar{x} = 26\%,$$
$$s = \pm 6\%,$$
$$q_{95} = \pm 3\%.$$

Die nachfolgenden Kurven wurden bei der Belichtung von mattierter und unmattierter Seide ermittelt. Das mattierte Polyamid enthielt die entsprechenden Zusätze und 0,4% TiO_2 vom Typ KRONOS AD oder die Spezialtypen AVF und RVF.

Im Bild 2 ist die Abbaukurve von mit $Mn_2P_2O_7$ stabilisierter PA-S nach Belichtung im Xenotest dar-

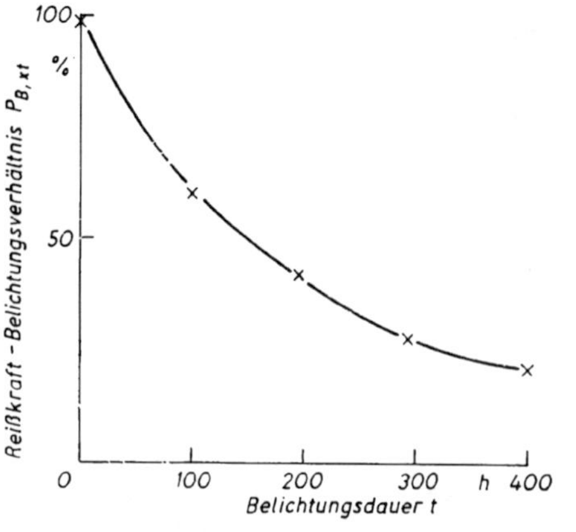

Bild 1. Lichtbeständigkeit mattierter, unstabilisierter PA-S 6,8 tex (12) Standardmaterial

gestellt. Man erkennt deutlich die Zunahme der Schutzwirkung mit wachsender Konzentration des Manganpyrophosphates. Dabei fällt auf, daß bei Verwendung eines TiO_2, das den Lichtstabilisator auf der Oberfläche niedergeschlagen enthält, bereits mit geringeren Konzentrationen des Lichtstabilisators ein höherer Effekt erzielt wird (TiO_2-Typen KRONOS AVF und RVF).

Im Bild 2a sind zum Vergleich Abbaukurven dargestellt, die mit unmattierter PA-S erzielt wurden. Man erkennt auch hier die Konzentrationsabhängigkeit der Stabilisierung durch Mangan, genau wie bei mattiertem Material. Weiter zeigt sich anhand der Ergebnisse, daß auch unmattiertes Polyamid durch Manganzusatz gegen photochemischen Abbau stabilisiert werden kann. Die erforderliche Stabilisatormenge zur Erzielung der von *Winkler* [11] definierten Grenze des Gütemerkmals „Lichtbeständigkeit für $P_{B,400} \geqq 60\%$ ist geringer als bei gleichzeitigem Zusatz von TiO_2, das nicht mit Mangan beladen wurde. Sie ist aber größer als bei Verwendung eines mit Mangan spezialbehandelten TiO_2-Types.

Im Vergleich zu den im VK-Rohr oder Autoklaven hergestellten Polyamiden war die Lichtbeständigkeit unserer Laborpolymerisate deutlich geringer (Bild 3), obwohl hinsichtlich Lösungsviskosität, Endgruppenkonzentration, Verteilung der rel. Molekülmassen und Röntgenstruktur zwischen den Produkten verschiedener Herkunft kein signifikanter Unterschied bestand.

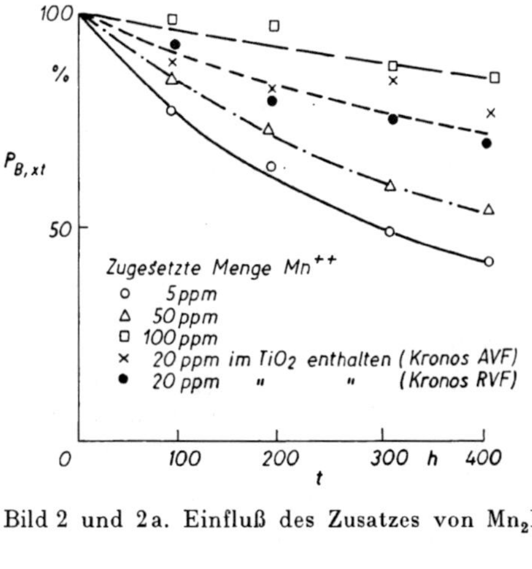

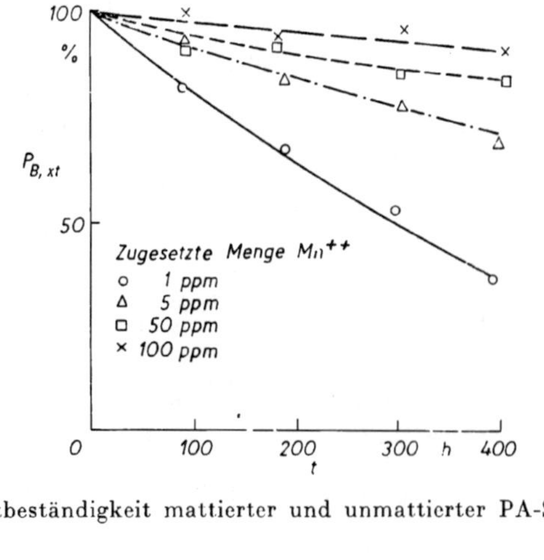

Bild 2 und 2a. Einfluß des Zusatzes von $Mn_2P_2O_7$ auf die Lichtbeständigkeit mattierter und unmattierter PA-S

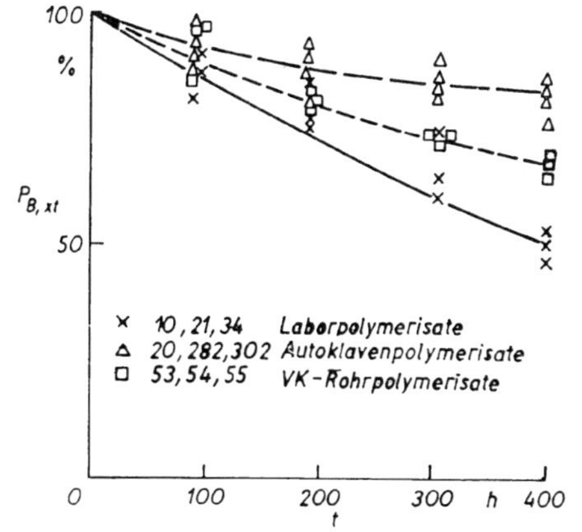

Bild 3. Einfluß der Herstellungsbedingungen auf die Lichtbeständigkeit von Polyamid

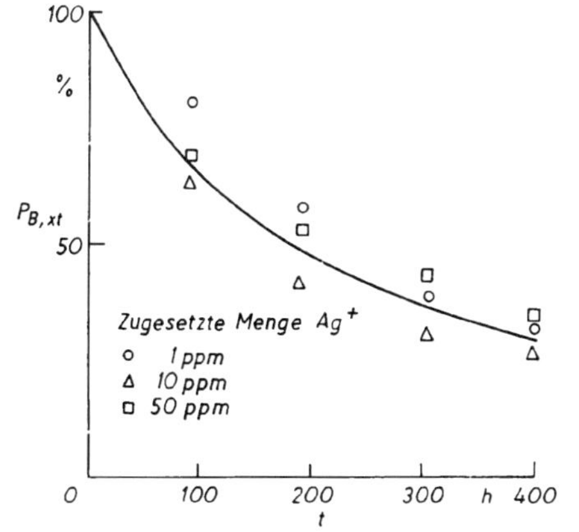

Bild 4. Einfluß des Zusatzes von Ag_2SO_4 auf die Lichtbeständigkeit mattierter PA-S

Unterschiedliche Reaktionszeiten bei der Polymerisation oder der Zusatz verschiedener Mengen des Kettenlängenreglers und Wasser beeinflußten den Abbau nicht.

Bild 4 zeigt die Abbaukurve für Polyamid mit Zusätzen von Ag_2SO_4. Es tritt keine Wirkung ein. Das trifft auch für unmattiertes Polyamid zu.

Im Bild 5 ist die Abbaukurve für den Lichtabbau bei Zusatz von CuCl dargestellt. Man erkennt deutlich, daß bei Vorhandensein von TiO_2 auch mit 100 ppm Cu^+ nicht die durch $Mn_2P_2O_7$ erzielte Schutzwirkung erreicht wird. Dabei ist das Polyamid bei dieser Konzentration durch den Zusatz bereits stark verfärbt.

Aus den im Bild 5a dargestellten Ergebnissen ist wie bei der Stabilisierung mit Mangan ersichtlich, daß bei unmattiertem PA mit wesentlich geringeren Mengen bereits eine Wirkung erzielt werden kann. Bereits mit 25 ppm Cu^+ erreicht man einen Grenzwert und erzielt durch höhere Zusätze keine weitere Verbesserung, wohl aber eine deutliche, störende Zunahme der Verfärbung des Polymeren, so daß eine Anwendung zur Feinseidenherstellung nicht mehr möglich ist.

Eine bessere Wirksamkeit hat das zweiwertige Kupfer. Bild 6 zeigt wiederum die Abbaukurve. Die sensibilisierende Wirkung des Mattierungsmittels kann jedoch auch hier nicht völlig aufgehoben werden, wenngleich gegenüber Cu(I)-Zusatz eine weitere Verbesserung erzielt wird; die Wirkung des Mangans kann nicht erreicht werden. Das Polymere ist aber bei 50 ppm $CuCl_2$ bereits merklich verfärbt, bei 25 ppm ist eine Verfärbung noch nicht feststellbar.

Anhand der im Bild 6a dargestellten Abbaukurven für unmattierte PA-S kann man feststellen, daß der Schwellenwert zur Erzielung der vollen Stabilisierung $\leqq 5$ ppm ist. Mit größeren Mengen kann wiederum keine weitere Verbesserung erzielt werden. Es zeigt sich auch, daß das $CuCl_2$ wirksamer ist als CuCl.

Die Wirkung des Eisens im mattierten Polyamid wird in den Bildern 7 und 8 gezeigt. Sowohl Fe(II)- als auch Fe(III)-Sulfat sensibilisieren den Abbau des Polyamids. Wenn das Fe-Salz in höheren Konzentrationen eingesetzt wird ($\geqq 1 \cdot 10^{-2}$ %), so ist seine schädigende Wirkung bei gleichzeitiger Anwesenheit von TiO_2 noch größer, die Festigkeitswerte der PA-S liegen nach der Xenotestbelichtung unter 20% der Ausgangsfestigkeit. Im Gegensatz zum Kupfer konnte zwischen den beiden Wertigkeitsstufen kein Unterschied in der Wirkung festgestellt werden. Weitere Untersuchungen ergaben, daß nach dem Polymerisationsprozeß immer beide Wertigkeitsstufen nebeneinander im Polymeren vorlagen.

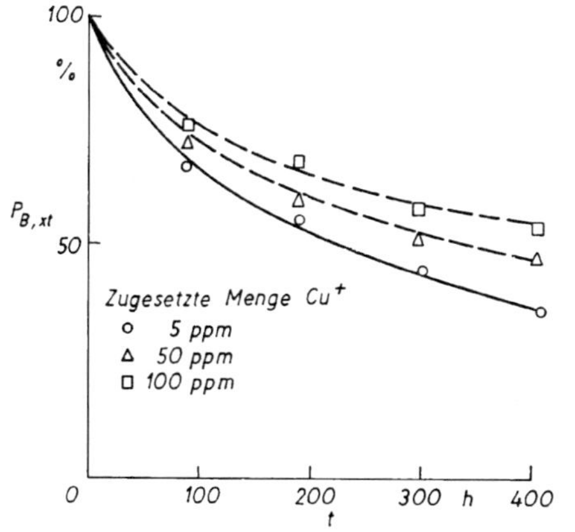

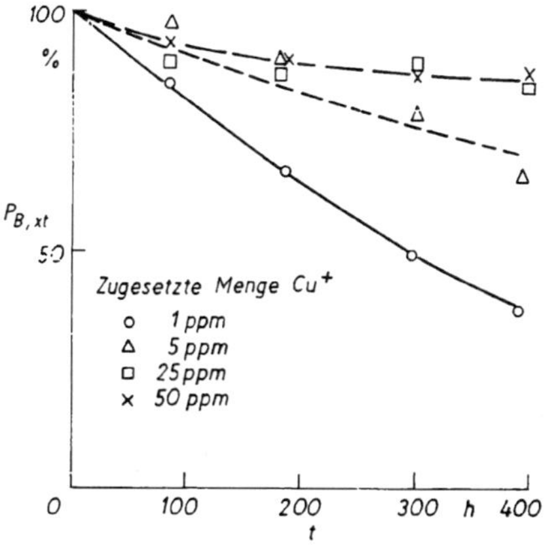

Bild 5 und 5a. Einfluß des Zusatzes von CuCl auf die Lichtbeständigkeit mattierter und unmattierter PA-S

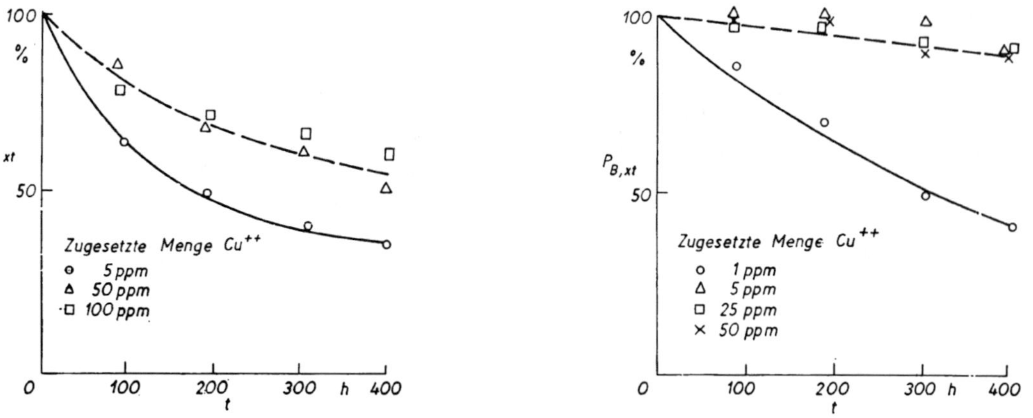

Bild 6 und 6a. Einfluß des Zusatzes von $CuCl_2$ auf die Lichtbeständigkeit mattierter und unmattierter PA-S

3.2. Der Einfluß von Schwermetallzusätzen auf die Beständigkeit gegen thermische Oxydation

In Tabelle 1 sind die Ergebnisse der Untersuchung der Wärmebeständigkeit in Abhängigkeit von der Art des Zusatzes und der Konzentration aufgeführt. Da TiO_2 selbst die Wärmebeständigkeit nicht beeinflußt, wurden hier nur die Ergebnisse, die an unmattierten Materialien erzielt worden sind, dargestellt. Um rein thermische Abbauprozesse auszuschalten, wurde die Temperaturbehandlung sowohl in Luft als auch unter Stickstoff vorgenommen und gegenübergestellt. Der Zusatz von Schwermetallsalzen beeinflußt die thermooxydative Beständigkeit der PA-S merklich anders als die photooxydative. Der Lichtstabilisator $Mn_2P_2O_7$ sensibilisiert den thermooxydativen Abbau doch recht beachtlich, wenn der Zusatz > 1 ppm ist, und das muß der Fall sein, wenn eine Lichtstabilisierung erreicht werden soll. Daneben katalysieren auch Silber- und Eisensalze den Abbau, wobei Ag_2SO_4 eine Mittelstellung

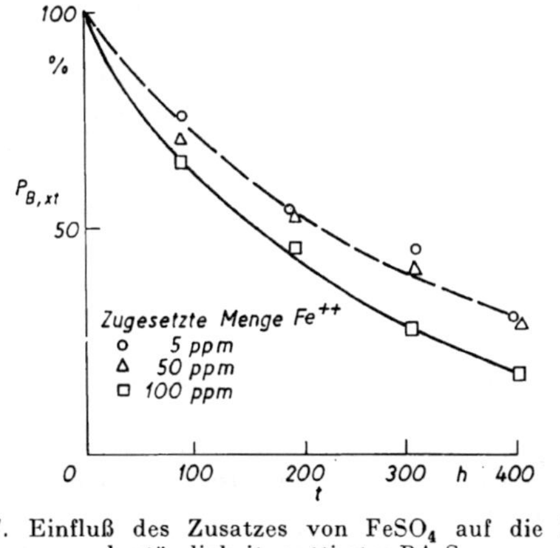

Bild 7. Einfluß des Zusatzes von $FeSO_4$ auf die Lichtbeständigkeit mattierter PA-S

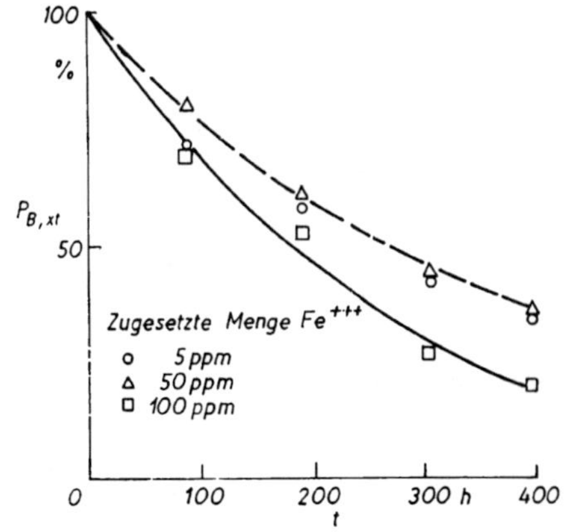

Bild 8. Einfluß des Zusatzes von $Fe_2(SO_4)_3$ auf die Lichtbeständigkeit mattierter PA-S

Tabelle 1. Einfluß der Zusätze an Schwermetallsalzen auf die Wärmebeständigkeit von PA 6

Vers.-Nr.	Zusätze		Ergebnisse der Temperung	
	Art	Menge ppm	$P_{T,L}$ %	P_{T,N_2} %
276	$Mn_2P_2O_7$	—	82	98
281	,,	50	67	98
69	,,	1	77	87
42	,,	5	64	97
43	,,	50	64	97
44	,,	100	68	99
76	Ag_2SO_4	1	60	96
77	,,	10	42	91
78	,,	50	60	94
76	$FeSO_4$	1	50	90
31	,,	5	53	100
32	,,	50	52	92
33	,,	100	45	96
21	,,	200	40	100
82	$Fe_2(SO_4)_3$	1	53	98
38	,,	5	59	100
40	,,	50	52	91
41	,,	100	54	96
22	,,	200	58	100
72	CuCl	1	53	93
35	,,	5	63	95
36	,,	25	91	97
37	,,	50	99	98
71	$CuCl_2$	1	52	94
16	,,	5	92	100
25	,,	25	92	95
28	,,	50	89	100

Versuchsbedingungen: t = 60 min.
T = 150 ± 3 grd,
Aufhängung spannungslos
L = Luft,
N_2 = Stickstoff.

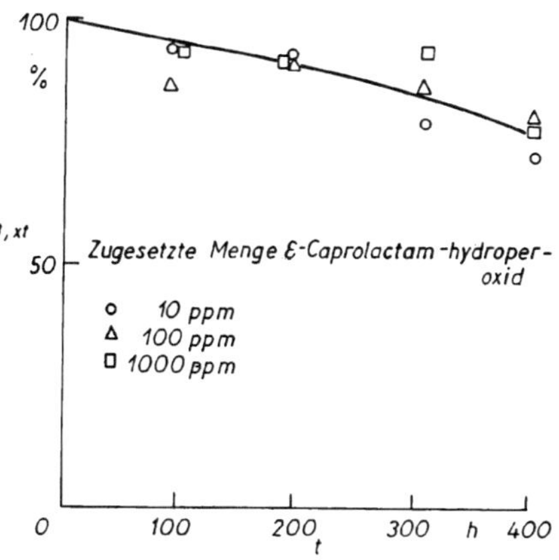

Bild 9. Einfluß des Zusatzes von ε-Caprolactamhydroperoxid auf die Lichtbeständigkeit von unmattiertem Polyamid

zwischen Mn und Fe einnimmt. Eine Konzentrationsabhängigkeit der Sensibilisierung des Abbaus konnte im untersuchten Bereich nicht festgestellt werden.

Eine sehr gute Stabilisatorwirkung üben Cu-Salze aus. Dieser Effekt wird bereits seit langem praktisch ausgenutzt. Interessant ist, daß sich die verschiedenen Wertigkeitsstufen im gleichen Sinn wie bei der Lichtstabilisierung auswirken. CuCl wirkt erst in Konzentrationen >5 ppm, während $CuCl_2$ bereits bei 5 ppm die volle Schutzwirkung erreicht. Die mit ausreichenden Mengen von Cu-Salzen stabilisierte PA-S erleidet unter den angewandten Versuchsbedingungen keinen Abbau und verfärbt sich nur sehr wenig bei längerer Wärmebehandlung.

3.3. Der Einfluß von Lactamhydroperoxid und seinen Reaktionsprodukten

Neben der Untersuchung des Einflusses von Schwermetallsalzzusätzen erschien es interessant, ob das bei der Autoxydation des Caprolactams entstehende Caprolactamhydroperoxid und dessen Umsetzungsprodukte die Beständigkeit des Polycaprolactams beeinflussen. Die Ergebnisse sind in den Bildern 9, 10 und 11 dargestellt. Der Zusatz von Caprolactamhydroperoxid übt im Konzentrationsbereich 10^{-3} bis 10^{-1} % keinen merklichen Einfluß auf die Lichtbeständigkeit aus. Auch die Änderung der Lösungsviskosität und der Amino-

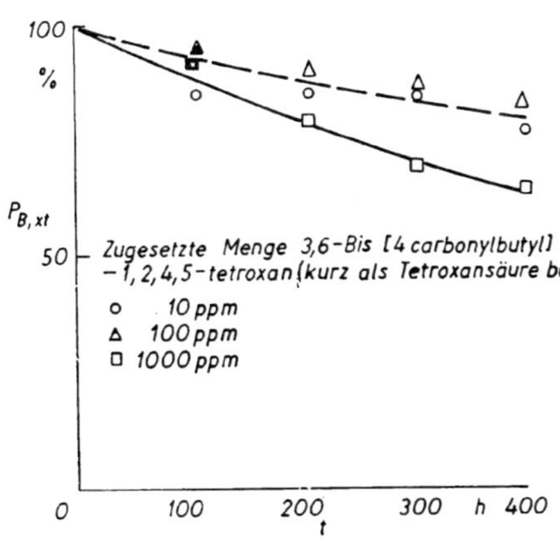

Bild 10. Einfluß des Zusatzes von Tetroxansäure auf die Lichtbeständigkeit von unmattiertem Polyamid

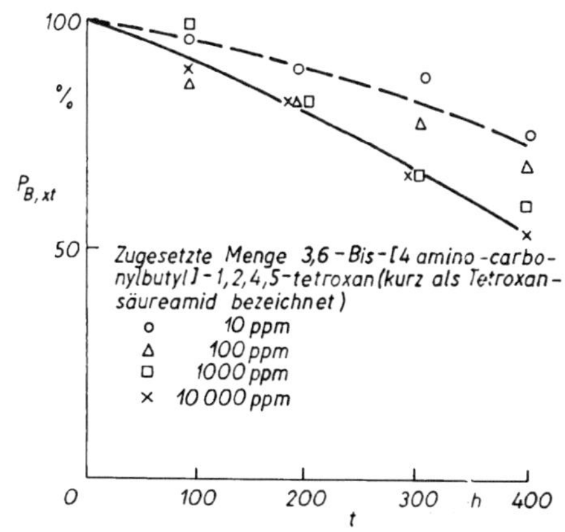

Bild 11. Einfluß des Zusatzes von Tetroxansäureamid auf die Lichtbeständigkeit von unmattiertem Polyamid

endgruppenkonzentration wird nicht beeinflußt. Ebenso verhält sich das als Tetroxansäure bezeichnete 3,6-Bis-[4-carboxyl-carbonylbutyl-]1,2,4,5-tetroxan. Das daraus resultierende Säurediamid beeinflußt dagegen bereits die Verarbeitbarkeit des Polyamids. Die Lichtbeständigkeit wird jedoch überraschend bei allen drei Produkten etwas erhöht. Die Polymerisate sind gelblich verfärbt und besitzen eine geringe thermooxydative Beständigkeit.

4. Diskussion der Versuchsergebnisse

Es muß vorweggeschickt werden, daß auf Grund der begrenzten Xenotestkapazität nur in Ausnahmefällen Wiederholungen der Versuche durchgeführt werden konnten, so daß die Ergebnisse mit einer gewissen Unsicherheit belastet sind. Da sich jedoch z. B. hinsichtlich der Konzentrationsabhängigkeit plausible Abstufungen ergeben haben, können die vorgestellten Resultate dennoch als Beitrag zur Bereicherung des Kenntnisstandes angesehen werden. Hinsichtlich des Mechanismus der Wirkung lehnen wir uns an bekannte Vorstellungen über die Wirkungsweise von Schwermetallen an:

Grundlage der Diskussion sollen die von *Sharkey* und *Mochel* [12], von *Schön* und *Rieche* [13], *Jaeger* und *Reinisch* [14] gemachten Veröffentlichungen und die von *Kudrjavcev* [15] sowie von *Minato* und *Hisada* [16] über die Wirkung von Schwermetallen diskutierten Möglichkeiten sein.

In den vorgenannten Arbeiten zum Reaktionsablauf bzw. zur Initiierung der Reaktion wird ein N-vicinales C-Radikal als entscheidende Zwischen- bzw. Vorstufe des Kettenabbaus genannt. Ausgehend von den Arbeiten von *Kudrjavcev* könnte die Bildung eines Komplexes

nach Kudrjavcev

für die stabilisierende oder sensibilisierende Wirkung als Erklärung herangezogen werden. Es ist denkbar, daß durch die Ladungsverschiebung am N- oder O-Atom die Energieverhältnisse in der Kette beeinflußt werden.

Es ist jedoch auch eine Erklärung analog des von *Minato* und *Hisada* diskutierten Reaktionsmechanismus zu überlegen. Sie verwendeten als Modellsubstanzen Tetraäthylenpentamin (TÄPA), Fe-Salze und Cumolhydroperoxid (CHP). Bei der Umsetzung der Substanzen dieses Redoxsystems entstehen freie Radikale der Struktur:

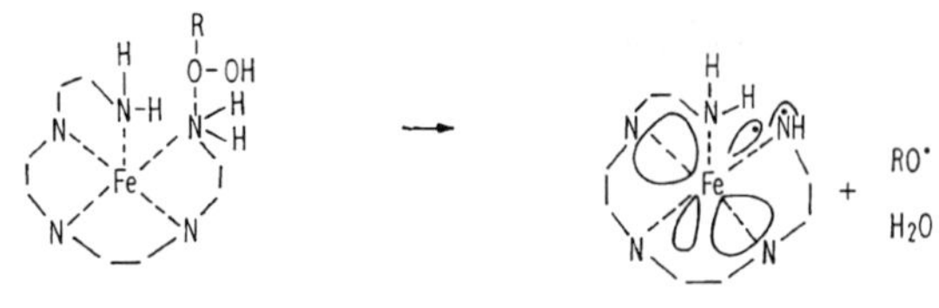

nach Minato und Hisada

Sie fanden dabei, daß beispielsweise Fe(III) durch TÄPA nicht reduziert, TÄPA aber verbraucht wird und daß das Fe als Fe(II) und Fe(III) vorliegen muß. Beim Polyamid tritt anstelle des TÄPA das Polymere, anstelle des CHP das Lactamhydroperoxid, und so ist eine analoge Umsetzung denkbar. Dabei sollte für die Wirkung des Zentralatoms entscheidend sein, ob es die Bildung des Hydroperoxids und dessen Zerfall fördert oder verhindert. Damit wäre auch die Wirkungslosigkeit des Silbers erklärt, da es nur sehr schwierig in die zweite Wertigkeitsstufe überführt werden kann.

Für die Wirkung des TiO_2 ist auf Grund seiner hohen Reaktivität anzunehmen, daß an seiner Oberfläche Reaktionen ablaufen, die zur Aktivierung des eindiffundierenden Sauerstoffs führen, womit auch die gefundene Unwirksamkeit bei völligem Luftausschluß während der Lichteinwirkung ohne weiteres erklärt werden kann. Aber auch beim TiO_2 könnte man sich den vorher diskutierten Reaktionsmechanismus auf Grund seiner verschiedenen Wertigkeitsstufen als Möglichkeit vorstellen.

Hier sei noch auf den von *Herlinger* [17] diskutierten Mechanismus hingewiesen. Nach seiner Auffassung liefert die UV-Strahlung die nötige Energie für die Austrittsarbeit des Sauerstoffs aus dem TiO_2-Gitter. Durch entsprechende Zusätze wird die Austrittsarbeit verändert, im Falle der Stabilisierung also erhöht, damit wird die negative Wirkung des TiO_2 wieder aufgehoben.

Die Ergebnisse mit dem nachbehandelten TiO_2-Typen KRONOS AVF und RVF würden diese Annahme stützen. Andererseits ist aber anhand der Ergebnisse des unmattierten Polymeren auch der von *Minato* und *Hisada* [16] vorgeschlagene Reaktionsmechanismus als für den Polyamidabbau anwendbar zu betrachten, sonst wäre eine Stabilisierung des unmattierten Polyamids nicht denkbar.

Zusammenfassend kann festgestellt werden, daß es geraten erscheint, eine doppelte Stabilisierung mit Mn und Cu vorzunehmen, um durch Licht und Wärme hervorgerufene Abbauerscheinungen an Polycaprolactam auszuschalten.

Cu-Stabilisierung ergibt keinen ausreichenden Schutz gegen Lichtabbau, während Mangan allein dem Polyamid zwar einen Lichtschutz gewährt, aber dabei zur Verschlechterung der thermooxydativen Beständigkeit des Polycaprolactams führt. Solcherart kombinierte Stabilisierung führt oft zur gegenseitigen Beeinflussung sowohl im positiven als auch im negativen Sinne. Dabei scheint es auf Grund der beim Mangan erzielten Ergebnisse sinnvoll, beide Stabilisatoren auf dem TiO_2 niederzuschlagen. Untersuchungen dazu führten bisher zu sehr guten Ergebnissen, die hier nicht zur Diskussion stehen.

Literatur

[1] *Agster, A.*, und *Walz, F.*: Titanmattierung von Chemiefasern. Melliand Textilber. **33** (1952) S. 488—493; 739—743.
[2] *Sippel, A.*: Chemiefasern und Licht. Melliand Textilber. **32** (1951) S. 205—209.
[3] *Sippel, A.*: Natürliche und künstliche Alterung von hochpolymeren Stoffen in Faserform. Kunststoffe **48** (1959) S. 626—631.
[4] *Sippel, A.*: Wie vermeidet man Schädigungen von Textilfasern durch Sonnenlicht? Textil-Praxis **7** (1952) S. 220—225.
[5] *Agster, A.*: Zur Kenntnis des photochemischen Abbaus mattierter und nichtmattierter Zellulosefasern. Melliand Textilber. **35** (1954) S. 1209—1212.
[6] *Hurt, V.*, und *Benicky, M.*: Über die Alterung der Polyamidfasern. Chem. Vlakna, Svit (Chem. Fasern) **14** (1964) 1, S. 9—14; 2, S. 26—46.
[7] *Hurt, V.*, und *Benicky, M.*: Lichtstabilisierte Polyamidfäden. Chem. Vlakna, Svit (Chem. Fasern) **16** (1966) 4, S. 10—15; 5, S. 6—11.
[8] *Somers, I. A.*: Wirkung von Hitze und Licht auf Nylon. Man Made Textiles **32** (1955) S. 58—65.
[9] *Voitlev, I. L.*, und *Katorznov, N. A.*: Die Erhöhung des Widerstandsvermögens der Polyamidfasern gegen den Einfluß der Sonnenbestrahlung. Chim. Volokna (Chem. Fasern) (1960) 4, S. 3—7.
[10] *Holy, G.*: Dissertation TU Dresden 1972: Verbesserte Apparatur nach: *Dietrich, K.*, und *Versäumer, H.*: Faserforsch. u. Textiltechnik **21** (1970) S. 261—263.
[11] *Winkler, F.*, und *Schmidt, F.*: Belichtung von Syntheseseiden. Dt. Textiltechnik **20** (1970) S. 721—725; 786—791.
[12] *Sharkey, W. H.*, und *Mochel, W. E.*: Mechanism of the photooxidation of amides. J. amer. chem. Soc. **81** (1959) S. 3000—3005.
[13] *Schön, W.*: Dissertation Friedrich-Schiller-Universität Jena 1963.
[14] *Jaeger, W.*: Dissertation Humboldt-Universität Berlin 1966.
[15] *Kudrjavcev, G. I.*, u. a.: Der Einfluß anorganischer Salze auf die Thermostabilität der Kapronfaser. Chim. Volokna (Chem. Fasern) **2** (1960) 5, S. 16—20.
[16] *Minato, H.*, und *Hisada, R.*: Generation of free radicals at subzero temperatures. III. Polyamine-hydroperoxide-iron-System. J. Polymer Sci., A-1: Polymer Chem. **7** (1969) 2, S. 735—742.

Eingegangen am 6. September 1973

Elektrostatische Aufladungen beim Tragen von Bekleidungstextilien

Wilfried Löbel

Forschungsinstitut für Textiltechnologie in Karl-Marx-Stadt

DK 677.06:687:677.017.88:677.017.57:537.222:617.862.517.1

Die Auswirkungen elektrostatischer Aufladungen auf Kleidungsstücken werden anhand der physikalischen Natur dieser Erscheinung erläutert. Aus den Betrachtungen geht hervor, daß antistatische Effekte von den meisten, jedoch nicht von allen Erzeugnissen zu fordern sind. Die sich an einem getragenen Kleidungsstück abspielenden Ableitungsvorgänge der Aufladung werden theoretisch untersucht und mathematisch für mehrere in der Praxis vorkommende Varianten dargestellt. Liegt der spezifische Flächenwiderstand unterhalb von $10^{12}\,\Omega$, so sind elektrostatische Erscheinungen sehr unwahrscheinlich und unterhalb von $10^{10}\,\Omega$ praktisch ausgeschlossen. Bei spezifischen Widerständen oberhalb von $10^{11}\,\Omega$ kann ein in Anlehnung an den AATCC-Standard Nr. 115-1965 T vorgeschlagener Reibungstest eine zusätzliche Information über die Aufladbarkeit bringen.

Появление электростатических зарядов при носке текстильных изделий

На основании физической природы явления электризуемости объясняются воздействия электростатических зарядов на одежду. Изучение данных показывает, что антистатические эффекты необходимы для большинства, но не для всех изделий. Протекающие при носке одежды процессы дестатизации теоретически изучаются и математически моделируются в некоторых практически важных вариантах. В тех случаях, когда удельное поверхностное сопротивление не превышает 10^{12} ом, электризуемость оказывается маловероятной, а ниже 10^{10} ом практически исключенной. При значениях выше 10^{11} ом метод испытания на трение, предлагаемый в соответствии с стандартом AATCC 115-1965 T, может давать дополнительную информацию в отношении электризуемости материалов.

Accumulation of Electrostatic Charges During the Wearing of Textile Clothings

The accumulation of electrostatic charges on clothing is explained by physical laws. Antistatic effects are shown to be required in most, but not in all textiles. The dissipation of charges in worn textiles is investigated and described by mathematical expressions for various cases of practical importance. The accumulation of charges is highly improbable if the area resistivity is below $10^{12}\,\Omega$, and is practically excluded below $10^{10}\,\Omega$. At values beyond $10^{11}\,\Omega$ the rubbing test proposed by AATCC 115-1965 T may provide additional information on the accumulation.

Einleitung

Die Neigung zur elektrostatischen Aufladung ist ein beträchtlicher Mangel von Bekleidungstextilien aus synthetischen Faserstoffen. Besonders nachteilig ist das durch die Aufladung hervorgerufene Kleben von Kleidern, Hosen, Röcken, Kitteln und Schürzen am Körper. Auch wenn diese Erscheinungen vorwiegend im Winter in zentralbeheizten Räumen bei sehr trockener Luft auftreten, sind solche Beanstandungen von seiten der Verbraucher durchaus berechtigt. Andere, weniger im Vordergrund stehende nachteilige Auswirkungen der Aufladungen sind die Anziehung von Staub, der sich nicht abbürsten läßt, und in seltenen Fällen Schreckwirkungen durch elektrische Entladungen. Bestrebungen zur Beseitigung dieser Qualitätsmängel gibt es dementsprechend schon seit der Einführung synthetischer Textilien. Zur Zeit wird eine Reihe von Lösungen dieses Problems angeboten und auch praktiziert. Der Einsatz antistatischer Spülmittel hat beispielsweise eine völlig hinreichende Wirkung, verlagert aber die Maßnahmen und den Aufwand auf die Seite des Verbrauchers und entspricht demnach nicht dem Trend nach Pflegeleichtigkeit. Auf die Faseroberfläche aufgetragene, durch Vernetzungsprozesse unlöslich gemachte Präparationen werden schon seit vielen Jahren als sogenannte permanente Antistatika erfolgreich in der Veredlungsindustrie eingesetzt, wenn die Forderungen an die Permanenz nicht sehr hoch gestellt sind, d. h. wenn man sich mit einer Beständigkeit gegenüber 10 bis 20 Haushaltwäschen oder ebensovielen Chemisch-Reinigungs-Prozessen begnügt.

Eine bessere, echte Lösung stellen Faserstoffe mit innerem antistatischem Effekt dar, wie sie in den letzten Jahren von verschiedenen Chemiefaserwerken auf den Markt gebracht wurden [1]. Absolut permanent antistatische Synthesefasern können auch durch Aufpfropfen geeigneter elektrolytischer Substanzen erzielt werden [2].

Die Wirkung dieser Maßnahmen beruht auf der Erzeugung eines Leiteffektes auf der Oberfläche oder im Inneren der Fasern, der im wesentlichen elektrolytischer Natur ist. Der Leiteffekt ist dementsprechend stark feuchteabhängig.

Angesichts gewisser, mit der Antistatikbehandlung synthetischer Hochpolymerer einhergehenden Verschlechterung anderer Eigenschaften und des erforderlichen Aufwandes hat die Fragestellung nach stichhaltigen Prüfverfahren und Güterichtlinien eine ernsthafte ökonomische Bedeutung. Dementsprechend können technisch unbegründete Reserven bei der Vorgabe der zu erreichenden Mindestwerte des Leiteffektes einen unnötig hohen technologischen Aufwand nach sich ziehen. Andererseits wird ein unbedingt zuverlässiger Effekt gefordert, d. h., die Aufladungserscheinungen dürfen auch unter ungünstigen Bedingungen nicht auftreten, wie beispielsweise in trockenem Klima von 25% rel. Luftfeuchte und bei Reibungskontakten mit beliebigen Faserstoffen und anderen Materialien. Es werden aber keineswegs für alle Elemente der Bekleidung antistatische Eigenschaften gefordert. Demnach erscheint es notwendig, die Frage nach der Quantifizierung der elektrostatischen Eigenschaften von Bekleidungstextilien zu behandeln. Hierzu sollen die folgenden theoretischen Betrachtungen und experimentellen Untersuchungen beitragen.

1. Auswirkungen elektrostatischer Aufladungen auf Kleidungsstücken

Die Aufladung entsteht durch einen Kontakt zwischen zwei Oberflächen und durch die nachfolgende Trennung dieses Kontaktes, insbesondere also bei Reibungsprozessen. Während des Kontaktes erfolgt ein Austausch von Ladungsträgern an den mikroskopischen Kontaktpunkten über Abstände von größenordnungsmäßig 10^{-7} cm hinweg [3, 4]. Nach der Trennung des Kontaktes kann demnach auf beiden Oberflächen eine gegenpolige Überschußladung, die sogenannte *elektrostatische Aufladung*, in Erscheinung treten. Während der Kontakttrennung erfolgen allerdings bereits Ladungsausgleichsprozesse, wie z. B. Gasentladung und ein Ladungsrückstrom zur Trennstelle [4, 5], so daß die auf den getrennten Oberflächen zurückbleibende Ladung im allgemeinen niedriger ist als die primär während des Kontaktes ausgetauschte Ladung. Ein solcher Ladungsausgleichsprozeß durch Gasentladung ist beispielsweise das bekannte Knistern beim Ausziehen eines stark aufladbaren Kleidungsstückes.

Keinesfalls überschreitet die Ladungsdichte nach der Trennung den Betrag von ca. 2 bis $3 \cdot 10^{-9}$ C/cm², der die durch Gasentladungsprozesse auf Grund der sog. Durchschlagsfeldstärke der Luft begrenzte Maximalladung darstellt.

Der primäre Ladungsaustausch hängt im wesentlichen von den in Kontakt befindlichen Materialien entsprechend der elektrostatischen Spannungsreihe [4, 6, 7] und von geometrischen und physikalischen Zuständen und Bedingungen der Oberfläche ab, wie z. B. Rauhigkeit, Kontaktdruck und Reibungsintensität.

Eine wichtige physikalische Eigenschaft für das Zustandekommen einer Aufladung auf einer Oberfläche ist das Isolationsvermögen, das durch den elektrischen Widerstand charakterisiert wird. Liegt dessen Wert unterhalb eines bestimmten Betrages, so fließt die im Augenblick der Kontakttrennung getrennte Ladung so schnell zur Kontaktstelle zurück bzw. zu ungeladenen Flächenelementen der Umgebung hin, daß sie praktisch nicht in Erscheinung treten kann. Dieser Sachverhalt wird im Abschnitt 3 theoretisch untersucht.

In den folgenden qualitativen Betrachtungen sei vorläufig zur vereinfachten Darstellung zwischen den Grenzfällen „nichtleitende" und „leitende" textile Stoffe unterschieden, wobei der spezifische Flächenwiderstand ϱ_F nach TGL 142-2055 [8, 9] bei den nichtleitenden Stoffen größer als $10^{12}\,\Omega$ und bei den leitenden kleiner als $10^{10}\,\Omega$ ist. Die in diesem Sinne als „leitend" charakterisierten Stoffe sind insofern ideal antistatisch, als bereits unmittelbar nach Reibungsvorgängen mit beliebigen Kontaktpartnern auf diesen Stoffen keinerlei Aufladung nachweisbar ist, da sich diese bereits während der Kontakttrennung ausgeglichen hat. Andererseits können sich in diesen „leitenden" Stoffen in vernachlässigbar kurzer Zeit Influenzladungen als Gegenladung zu parallel dazu angeordneten aufgeladenen nichtleitenden Flächen ausbilden.

Bei Aufladungsvorgängen an Kleidungsstücken ist folgende Unterscheidung angebracht:

a) Reibung gegen äußere Elemente, z. B. Gegenstände in der Umgebung (Sitzmöbel) oder Ausziehen und Ablegen eines nichtleitenden Kleidungsstückes (Ladungsaustausch mit der Umgebung).
b) Reibung zwischen den Kleidungsstücken am Körper während des Tragens (Ladungsaustausch innerhalb der Bekleidung).

Im ersten Falle kann der Körper durch den Ladungstrennungsprozeß zur Umgebung hin dann ein von der Umgebung abweichendes Potential annehmen, wenn er gegenüber der Umgebung isoliert ist, beispielsweise durch Schuhsohlen mit einem Durchgangswiderstand von $> 10^{10}\,\Omega$. Dieser Fall ist identisch mit dem Aufladungsvorgang beim Begehen von Fußbodenbelägen aus gut isolierendem Material, der ausführlich in einer früheren Arbeit [10] abgehandelt wurde.

Das Potential gegenüber der Umgebung kann Werte bis zu 10 bis 15 kV annehmen und entsprechend der Kapazität des Körpers können damit Ladungsmengen bis zu $2 \cdot 10^{-6}$ C gespeichert werden. Eine kurzzeitige Entladung über einen einige Millimeter langen Funken bei Annäherung an einen geerdeten Gegenstand ist schmerzhaft und erzeugt gewöhnlich einen Schreck. Die dabei geriebenen Stellen der getragenen nichtleitenden Bekleidungsstücke können dann auf Grund der elektrostatischen Kräfte am Körper kleben.

Im zweiten Falle erfolgt die Reibung zwischen den Schichten der Bekleidung, so daß zur Umgebung hin keine Ladung getrennt wird und demzufolge auch keine Entladungserscheinungen zur Umgebung in Form elektrischer Schläge auftreten können. Das Tragen synthetischer Unterwäsche hat demnach keinesfalls irgendwelche Auswirkungen zur Umgebung hin, wie elektrische Schläge, zur Folge. Klebeeffekte können jedoch gleichermaßen zustande kommen. Zur Charakterisierung dieser Klebeerscheinungen sind folgende Erläuterungen angebracht:

Die Kraft pro Flächeneinheit (F/A) zwischen zwei entgegengesetzt geladenen Flächen mit den Ladungsdichten $+\sigma$ bzw. $-\sigma$ beträgt:

$$\frac{F}{A} = 5{,}7 \cdot 10^{16}\,\sigma^2; \tag{1}$$

F in p,
A in cm²,
σ in C/cm².

D. h., sind diese Flächen maximal aufgeladen, so ziehen sie sich mit einer Kraft von ca. 0,5 p/cm² an. Größere Kräfte sind nicht möglich.

Diese Kraft ist unabhängig von der Entfernung beider Flächen, wenn der Abstand dieser Flächen gegenüber leitenden Elementen der Umgebung groß und gegenüber der Ausdehnung dieser Flächen klein ist. Bemerkenswert ist, daß diese Kraft dem Quadrat der Ladung proportional ist.

Das gleiche Kraftgesetz gilt für den Fall, daß sich eine aufgeladene isolierende Fläche gegenüber einer leitfähigen Fläche befindet. In diesem Falle influenziert die Aufladung der nichtleitenden Fläche eine gleichgroße gegenpolige Ladung in der leitenden Fläche, so daß im Prinzip die gleichen Verhältnisse vorliegen[1]).

Befinden sich jedoch zu beiden Seiten der aufgeladenen, nichtleitenden Fläche (A_a) leitende Flächengebilde (A_1, A_2), so verteilt sich die in diesen beiden leitenden Flächen influenzierte Gegenladung entsprechend des Abstandsverhältnisses (Bild 1) und damit auch die Kraftwirkung:

[1]) Dabei wird stillschweigend vorausgesetzt, daß der aufgeladene Teil eines Flächengebildes stets klein gegen die gesamte Fläche ist, so daß Ladungsverschiebungen innerhalb eines leitenden Stoffes möglich sind, oder daß die leitende Fläche an irgendeiner Stelle geerdet ist.

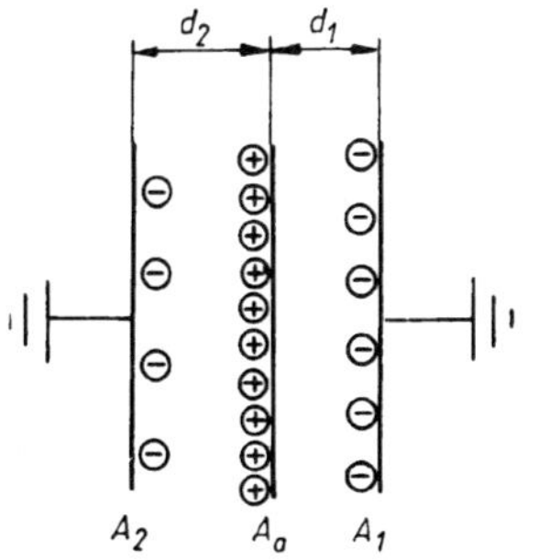

Bild 1. Schema zur Erläuterung von Gleichung (2). Influenzladungs- bzw. Kraftverteilung für den Fall, daß zu beiden Seiten einer aufgeladenen Fläche leitfähige Flächen mit unterschiedlichem Abstand (d_1, d_2) vorliegen

Es gilt:

$$\frac{F_1}{F_2} = \frac{d_2}{d_1}.$$

Die aufgeladene Fläche wird dann jeweils zur näher liegenden leitenden Fläche hingezogen, und zwar wenn

$$d_1 < d_2 \quad \text{ist,}$$

mit der Kraft

$$\frac{F_1 - F_2}{A} = 5{,}7 \cdot 10^{16} \sigma^2 \frac{d_2 - d_1}{d_2 + d_1}. \tag{2}$$

Für die Praxis ergeben sich hieraus folgende Konsequenzen:

Ein irgendwie durch Reibung stark aufgeladenes Bekleidungsstück kann durch die in der leitfähigen Körperoberfläche influenzierte gegenpolige Ladung von dort angezogen werden und mit einer nach Gleichung (1) zu berechnenden Kraft ankleben. Das kann auch dann auftreten, wenn sich zwischen diesem Bekleidungsstück und der Haut noch andere Schichten befinden, z. B. Unterwäsche, Strümpfe. Befindet sich unter dem aufgeladenen Stoffstück allerdings ein leitfähiges, nicht auf dem Körper aufliegendes, frei hängendes Stoffstück, z. B. ein antistatisches Unterkleid, so wird in diesem bereits die Gegenladung influenziert. Somit ziehen sich beide an und kleben aneinander und damit aber nicht mehr am Körper; denn die Ladung ist dann völlig abgeschirmt.

Hieraus folgt auch, daß ein leitender Futterstoff die Aufladung eines nicht antistatischen Oberstoffes vollständig abschirmen kann. Diese Feststellung hat insofern praktische Bedeutung, als die Einsparung der antistatischen Ausrüstung der Oberstoffe nicht nur ökonomisch günstig ist, sondern auch die durch die Antistatikbehandlung auftretende Beeinträchtigung anderer Gebrauchseigenschaften vermieden wird, wie z. B. harter Griff, Erhöhung der Anschmutzbarkeit und schlechte Farbechtheit.

Zwei Stoffschichten kleben auch dann aneinander und nicht am Körper, wenn sie nichtleitend sind, gegeneinander gerieben und dadurch gegenpolar gleichstark aufgeladen werden. Auch in diesem Falle sind keinerlei Kraftwirkungen außerhalb mehr vorhanden, z. B. Anziehung anderer Kleidungsstücke.

Die auf hautnahen Kleidungsstücken sitzenden Ladungen werden völlig oder nur z. T. vom Körper abgeschirmt und ihre Auswirkung nach außen damit vollständig oder stark reduziert.

Beispielsweise können aufgeladene Strümpfe oder Strumpfhosen keinesfalls ein leitfähiges Unterkleid durch Influenz zum Kleben bringen, da durch den geringen Abstand zur Haut hin diese Aufladung abgeschirmt ist. Von nicht hauteng anliegenden, aufgeladenen, nichtleitenden Kleidungsstücken, wie z. B. Hosen, gehen allerdings entsprechend der Beziehung (2) Anziehungskräfte auf darüber befindliche leitfähige Stoffe aus.

Dementsprechend können auch gut antistatische Textilien (Kittel, Schürzen) an den darunter getragenen Hosen haften, wenn letztere hoch aufgeladen sind und auf Grund ihrer Dicke und Steifheit nicht eng am Körper anliegen.

Alle diese Verhältnisse lassen sich sehr einfach an einer schräg gestellten Metallfläche gemäß Bild 2 simulieren.

Als hinreichend gut leitfähiger Stoff kann dabei ein Viskoseseidengewirke oder ein gut antistatisch ausgerüstetes Synthesefaserstoffstück benutzt werden, während gut gewaschener Synthesefaserstoff meist als idealer Nichtleiter geeignet ist. Wenn die Reibung mit einem PVC-F-Tuch erfolgt, das vorher mittels Ionisator jeweils entladen wird, kann mit Sicherheit eine hohe Aufladung erzeugt werden.

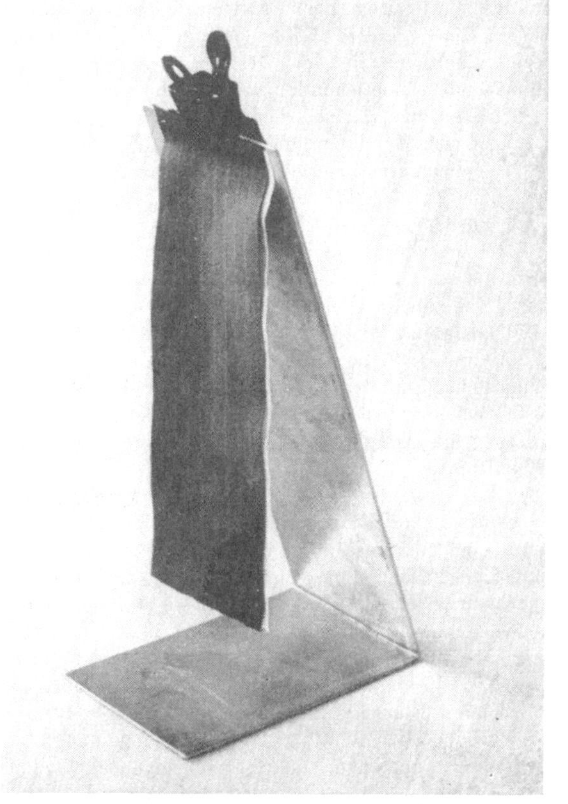

Bild 2. Schräggestellte Metallfläche mit Stoffproben zur Demonstration der Hafteffekte am Körper und zwischen Bekleidungsschichten

Aus diesen Betrachtungen ergibt sich, daß antistatische Eigenschaften für Kleider, Unterkleider, Kittel, Schürzen, Blusen und für Hosen zu fordern sind. Bei gefütterten Kleidungsstücken reicht es im allgemeinen, wenn der Futterstoff antistatisch ist.

2. *Zur Definition des antistatischen Effektes*

Die bisherigen Erkenntnisse und praktischen Erfahrungen erlauben folgende Definition des antistatischen Effektes:

Ein echter Antistatikeffekt liegt bei einer Materialoberfläche dann vor, wenn in trockener Luft (30% rel. Luftfeuchte) entweder

durch Reibung dieser Oberfläche mit beliebigen anderen Materialien die unmittelbar nach der Reibung auf der Oberfläche auftretende Ladung stets kleiner als 1/10 der möglichen Maximalladung (2 bis $3 \cdot 10^{-9}$ C/cm^2) ist, oder
wenn die unmittelbar nach der Reibung auftretende Ladung innerhalb weniger Sekunden durch Ableitung auf diesen Betrag reduziert worden ist.

Diese Trennung erscheint insofern angebracht, als im ersten Falle nicht nur die durch den spezifischen Widerstand zu charakterisierenden Leiteffekte für den Antistatikeffekt maßgebend sein können, sondern auch die bei der Berührung auftretenden Kontaktpotentiale und im mikroskopischen Bereich auftretenden Entladungsmechanismen z. B. über leitfähige Präparationsinseln oder -brücken [11, 12]. Dieser Sachverhalt muß bei der Festlegung der Prüftechnik berücksichtigt werden. Der nach dem Reiben einsetzende Entladungsprozeß kann mittels der Messung des elektrischen Widerstandes hinreichend gut charakterisiert werden (siehe Abschnitt 3), während die bei der primären Ladungstrennung auftretenden Antistatikeffekte nur mittels geeigneter Reibverfahren getestet werden können.

Die Forderung nach Reduzierung der Ladung auf 1/10 des maximal möglichen Betrages, d. h. auf ca. $3 \cdot 10^{-10}$ C/cm^2, resultiert aus der Überlegung, daß in diesem Falle die durch die Aufladung erzeugte Haftkraft gemäß Gleichung (1) $< 0{,}005$ p/cm^2 ist. Diese Forderung soll allerdings weiter unten in Abschnitt 3.3 durch Berücksichtigung der Flächenmasse der betreffenden Stoffe verfeinert werden, da naturgemäß bei schweren Stoffen größere Haftkräfte zugelassen werden können als bei leichten.

Der Widerstandsmessung kommt bei der Beurteilung des Antistatikeffektes insofern eine besondere Bedeutung zu, als hierfür Grenzwerte angegeben werden können, bei deren Unterschreitung eine Ansammlung elektrostatischer Aufladungen nicht mehr möglich ist, da diese eben hinreichend schnell abgeleitet werden. Wenn beispielsweise der Flächenwiderstand nach TGL 142-2055 kleiner als ca. $5 \cdot 10^9\ \Omega$ ist, so ist auf dem betreffenden Flächengebilde bereits unmittelbar nach dem Reibungsvorgang keine Aufladung mehr nachweisbar, und zwar auch dann nicht, wenn im Kontaktbereich die „Maximalladung" primär getrennt wurde. Es gelten hierbei gleichermaßen die in einer früheren Arbeit behandelten Prinzipien der Aufladung an bewegten Materialbahnen [5].

Für die praktischen Verhältnisse beim Tragen von Bekleidungstextilien ist diese Forderung an den Leiteffekt allerdings zu streng und mit permanenten Antistatika nicht erfüllbar. Nachteilige Auswirkungen der Aufladung treten erfahrungsgemäß nämlich auch dann nicht auf, wenn die auf der Stoffoberfläche durch Reibung erzeugte, maximal mögliche Aufladung innerhalb eines Zeitraumes von ca. 10 s auf mehr als 1/10 dieses Betrages zurückgegangen ist. Hierfür reichen Leiteffekte aus, die Flächenwiderständen in der Größenordnung von 10^{11} bis $10^{12}\ \Omega$ entsprechen. Die sich hierbei abspielenden Entladungsprozesse werden im folgenden einer eingehenden Betrachtung unterzogen.

Prinzipiell kann zwischen zwei Fällen unterschieden werden:

a) Entladung der Oberfläche eines auf einer leitenden Fläche aufliegenden Stoffstückes in Normalenrichtung zur Unterlage hin,
b) Entladung längs der Fläche (tangential), falls das Stoffstück auf einer gut isolierenden Unterlage aufliegt.

In der Praxis können sich je nach den Leitverhältnissen der Unterlage und des aufgeladenen Stoffes beide Fälle überlagern.

3. *Darstellung der Entladungsvorgänge*

3.1. *Entladung zur Unterlage*

Diese Entladung erfolgt analog der Entladung eines Plattenkondensators nach einer Exponentialcharakteristik:

$$\sigma = \sigma_0 e^{-t/\varrho_D c}; \tag{3}$$

σ = Flächenladungsdichte zur Zeit t in C/cm^2,
σ_0 = Anfangsladungsdichte ($t = 0$) in C/cm^2,
ϱ_D = Durchgangswiderstand der Flächeneinheit in Ωcm^2
c = Kapazität pro Flächeneinheit zwischen der Stoffoberfläche und der Unterlage in F/cm^2,
t = Zeit in s.

Für die Kapazität pro Flächeneinheit c gilt

$$c = \frac{\varepsilon_0 \varepsilon}{d}; \tag{4}$$

ε_0 = absolute Dielektrizitätskonstante ($\sim 10^{-13}$ s/Ωcm),
ε = relative Dielektrizitätskonstante des Faserstoffes,
d = Dicke des betreffenden Flächengebildes in cm.

Da der Raum nicht vollständig mit Fasermaterial angefüllt ist, sondern Lufteinschlüsse enthält, ist für ε ein kleinerer Wert als derjenige für reine Faserstoffe anzusetzen. Dieser Effektivwert wird bei sehr porösem Fasermaterial nur unwesentlich größer als 1 sein, aber selbst bei dicht gewebten Stoffen einen Wert von 2 nicht überschreiten.

ϱ_D als Gesamtdurchgangswiderstand einer Flächeneinheit (cm^2) ist gewissermaßen eine Reihenschaltung des Durchgangswiderstandes des Fasermaterials und des Kontaktwiderstandes an den Auflagepunkten. Letzterer ist im allgemeinen erheblich größer als der eigentliche Substanzwiderstand, da die effektive Kontaktfläche im Vergleich zur Gesamtfläche auf Grund des geringen Kontaktdruckes eines locker aufliegenden Stoffes klein

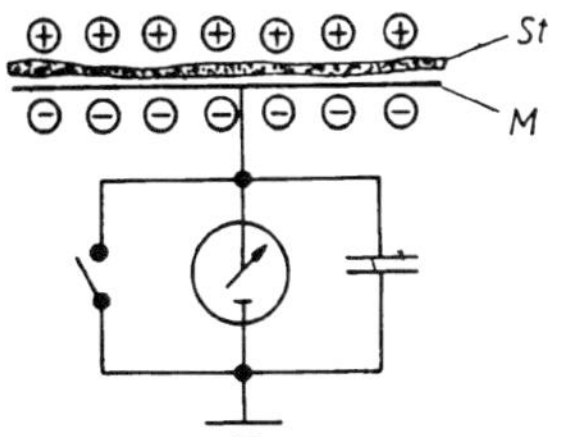

Bild 3. Schema zur Messung des Durchgangswiderstandes einer Flächenprobe ϱ_D nach der Entlademethode nach Gleichung (3)

ist. Aus diesem Grunde kann ϱ_D nicht mittels Auflegen von Elektroden gemessen werden, da durch die Belastung die Kontaktflächen größer werden und damit der Gesamtwiderstand erheblich kleiner wird.

Der Durchgangswiderstand ϱ_D kann demnach nur durch die direkte Messung des zeitlichen Abklingens einer auf der Stoffoberfläche durch Reibung erzeugten Aufladung z. B. folgendermaßen gemessen werden:

Der Stoff *St* liegt auf einer ebenen Metallplatte *M* auf, die direkt mit einem Elektrometer verbunden ist (Bild 3). Der Elektrometereingang ist anfangs geerdet. Der Stoff wird intensiv mit einem PVC-Lappen gerieben, der Erdkontakt des Elektrometereinganges gelöst und der Stoff nach einer bestimmten Zeit locker ohne zusätzliche Reibung von der Platte abgehoben. Da vor dem Abheben das Elektrometer auf dem Nullpunkt steht, wird nach dem Abheben vom Elektrometer derjenige Ladungswert angezeigt, der in der Polarität entgegengesetzt, aber im Betrag gleich der zum Zeitpunkt des Abhebens auf dem Stoffstück noch vorhandenen Ladungsmenge ist. Dieser Vorgang muß mehrfach wiederholt werden, wobei die Zeit vom Lösen des Reibkontaktes bis zum Abheben des Stoffes variiert wird. Da beim Reiben mit einem PVC-Lappen, der vorher jeweils mittels eines Ionisators gut entladen wurde, fast stets die Maximalladungsdichte erzeugt wird, ist der Anfangszustand jeweils auch gut reproduzierbar.

Die Entladungscharakteristik kann dann aus der Zuordnung der Zeit- und Ladungswerte gut ermittelt werden. Der gesamte Durchgangswiderstand ϱ_D berechnet sich nach Gleichung (3).

In eigenen Untersuchungen wurde festgestellt, daß der so ermittelte ϱ_D-Wert z. B. um zwei Größenordnungen höher liegen kann als der mittels aufgelegten Elektroden gemessene Durchgangswiderstand bei einer Flächenbelastung von 100 p/cm². Keinesfalls ist eine Korrelation zwischen beiden Werten vorhanden.

Falls nun aber unter dieser aufgeladenen Stoffschicht eine weitere Schicht liegt, deren Isolationseffekt um mehrere Größenordnungen höher liegt, so dringt zwar die Ladung ebenfalls zunächst nach der unteren Berührungsfläche durch, da hinter dieser die leitfähige Haut mit der gegenpoligen Influenzladung liegt. Das weitere Abfließen wird aber durch die Isolationsschicht (z. B. einen Strumpf) weitestgehend verhindert, so daß sich in diesem Falle die Ladung von der aufgeladenen Zone in der Stoffebene nach der Seite zu der noch ungeladenen Fläche hin ausbreitet und sich dadurch ebenfalls reduziert. Dabei wird der spezifische Flächenwiderstand ϱ_F als charakteristische Größe wirksam.

3.2. Entladung längs der Fläche

Die aufgeladene Stofffläche sei durch eine hochisolierende Unterlage von der darunter befindlichen leitenden Fläche getrennt. Der Abstand sei überall gleich, d. h. die Kapazität der Oberfläche pro Flächeneinheit c in F/cm² gegen die leitende (geerdete) Unterlage sei in der gesamten Fläche konstant.

Für das Potential U in V eines Punktes der geladenen Oberfläche mit der Ladungsdichte σ in C/cm² gegen die geerdete Unterlage gilt dann

$$U = \frac{\sigma}{c},$$

bzw. wegen (4)

$$U = \frac{\sigma d}{\varepsilon \varepsilon_0}, \tag{5}$$

wobei d den Abstand in cm von der Oberfläche bis zur geerdeten Fläche darstellt. Beträgt dieser Abstand beispielsweise 0,1 cm und ist die Oberfläche maximal aufgeladen, so hat die Oberfläche ein Potential in der Größenordnung von 1000 V.

Bei inhomogener Ladungsverteilung innerhalb dieser Fläche treten tangentiale Ausgleichsströme auf, für die das *Ohm*sche Gesetz als gültig angenommen sei:

$$\mathfrak{E} = \mathfrak{i}\varrho_F; \tag{6}$$

$\mathfrak{E}$ = tangentialer Feldstärkevektor in V/cm,
$\mathfrak{i}$ = Vektor der Stromdichte in der Fläche in A/cm,
ϱ_F = spezifischer Flächenwiderstand in Ω.

Die Herleitung der Differentialgleichung sei in vereinfachter Form eindimensional folgendermaßen vorgenommen, wobei die Richtung der Feldstärke E mit der x-Richtung übereinstimmt:

An der Stelle x fließt (in x-Richtung) in ein Flächenelement der Einheitsbreite (1 cm) in der Zeit dt die Ladungsmenge dq_1 zu und an der Stelle $x + dx$ die Ladungsmenge dq_2 ab (Bild 4). Es gilt dann

$$dq_1 = i_1\,dt = \frac{1}{\varrho_F}\,E(x)\,dt$$

bzw. analog

$$dq_2 = i_2\,dt = \frac{1}{\varrho_F}\,E(x + dx)\,dt.$$

Für die zeitliche Ladungsänderung in diesem Flächenelement folgt hieraus

$$dq_1 - dq_2 = d^2q = \frac{1}{\varrho_F}\frac{dE}{dx}\,dx\,dt.$$

Diese Ladungsänderung d^2q führt zu einer Potentialänderung dU, denn

$$d^2q = c\,dx\,dU.$$

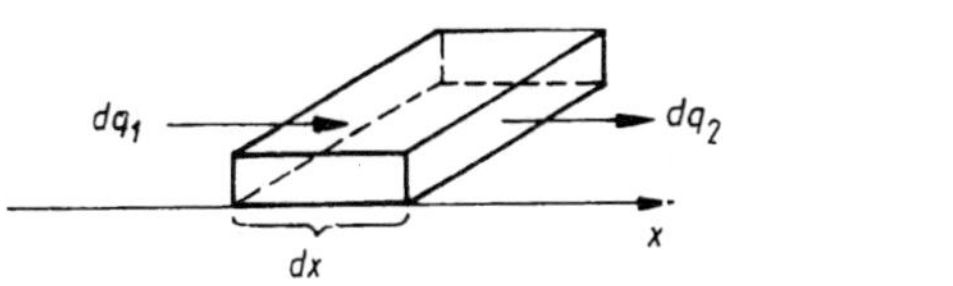

Bild 4. Schema zur Herleitung der partiellen Differentialgleichung (7) für die zeitliche Ladungsverschiebung in der Fläche

Hieraus folgt:

$$c\,dx\,dU = \frac{1}{\varrho_F}\frac{dE}{dx}\,dx\,dt.$$

Da $E = dU/dx$ ist, ergibt sich

$$\frac{dU}{dt} = \frac{1}{\varrho_F c}\frac{d^2U}{dx^2},$$

bzw. wegen (4)

$$\frac{dU}{dt} = \frac{d}{\varrho_F \varepsilon_0 \varepsilon}\frac{d^2U}{dx^2}. \tag{7}$$

Das ist eine der Wärmeleitungsgleichung analoge partielle Differentialgleichung, was übrigens nicht überrascht, denn im vorliegenden Falle gelten ja die gleichen Gesetze wie bei der Wärmeleitung:

Der elektrische Strom i ist dem Potentialgefälle $dU/dx = E$ genauso proportional wie der Wärmestrom dem Temperaturgefälle. An die Stelle der Temperaturleitzahl tritt die Größe $d/\varrho_F\varepsilon_0\varepsilon$, die mit „Potentialleitzahl" bezeichnet werden könnte. Je kleiner diese Größe ist, um so langsamer vollzieht sich ein Potential- bzw. Ladungsausgleich innerhalb der Fläche. Als d sollte hierbei die Dicke der isolierenden Zwischenschicht angenommen werden (in cm), da die auf der Oberfläche erzeugte Ladung zunächst durch die obere Schicht nach der unteren Fläche hin fließt. Den Abstand der Ladung von der leitenden Unterlage bestimmt also die Dicke der Isolationsschicht.

Da das Potential U der aufgeladenen Oberfläche einen Betrag von 1000 V nicht wesentlich überschreiten kann, wird auch die in der Fläche auftretende tangentiale Feldstärke $E = dU/dx$ den Wert von 1000 V/cm unmittelbar nach dem Reibungsvorgang nicht überschreiten und sehr schnell auf Grund des Breitfließens der Ladung um eine Größenordnung zurückgehen, so daß die bei der Messung des spezifischen Flächenwiderstandes ϱ_F nach TGL 142-2055 benutzte Feldstärke von 100 V/cm durchaus als angemessen erscheint.

Für die Lösung dieser Differentialgleichung sind die angenommenen Anfangs- und Randbedingungen bestimmend. Entsprechende Anleitungen hierzu finden sich in den einschlägigen Lehrbüchern der Mathematik, z. B. [13].

Im folgenden seien drei verschiedene, praktischen Verhältnissen entsprechende Varianten behandelt:

a) gleichmäßige Ladungsverteilung zur Zeit $t = 0$ auf einem rechteckigen Streifen, dessen beide Enden geerdet sind, d. h. deren Potential stets gleich Null ist;
b) gleichmäßige Ladungsverteilung zur Zeit $t = 0$ längs einer bestimmten Strecke auf einem unendlich ausgedehnten Streifen;
c) gleichmäßige Ladungsverteilung zur Zeit $t = 0$ innerhalb eines Kreises auf einer unendlich ausgedehnten Fläche.

Bei den Betrachtungen sei stillschweigend angenommen, daß der Abstand d der aufgeladenen Fläche von der geerdeten Gegenfläche stets klein gegen die Ausdehnung der aufgeladenen Fläche sei (l bzw. R) und daß wiederum die anfänglich aufgeladene Fläche klein gegen die gesamte verfügbare Fläche sei. In diesem Sinne ist der Begriff „unendlich ausgedehnt" zu verstehen.

Variante a:

Nach dem amerikanischen Prüfverfahren (AATCC-Standard) [14] wird ein auf einem Blech aufliegender, an einer Kante festgeklemmter Streifen mittels intensiver Reibung aufgeladen und die Fläche mit einem Winkel von 70° zur Waagerechten schräg aufgestellt (siehe Bild 2). Im aufgeladenen Zustand klebt dieser Streifen am Blech, und die Zeit bis zum Verschwinden der Haftkraft wird als Maß für den antistatischen Effekt benutzt. Die Entladung erfolgt hierbei vorwiegend senkrecht zur Ebene zur Unterlage hin; d. h., der spezifische Durchgangswiderstand ϱ_D ist maßgebend (Abschnitt 3.1). Damit wird jedoch nicht der in der Praxis vorkommende, hinsichtlich der Entladungszeit wesentlich ungünstiger liegende Fall berücksichtigt, daß unter dem aufgeladenen zu prüfenden Stoff eine gut isolierende Schicht, d. h. ein nicht antistatisches Kleidungsstück liegt.

Wird dieses Prüfverfahren durch Unterlegen einer isolierenden Folie dieserart modifiziert, so kann den

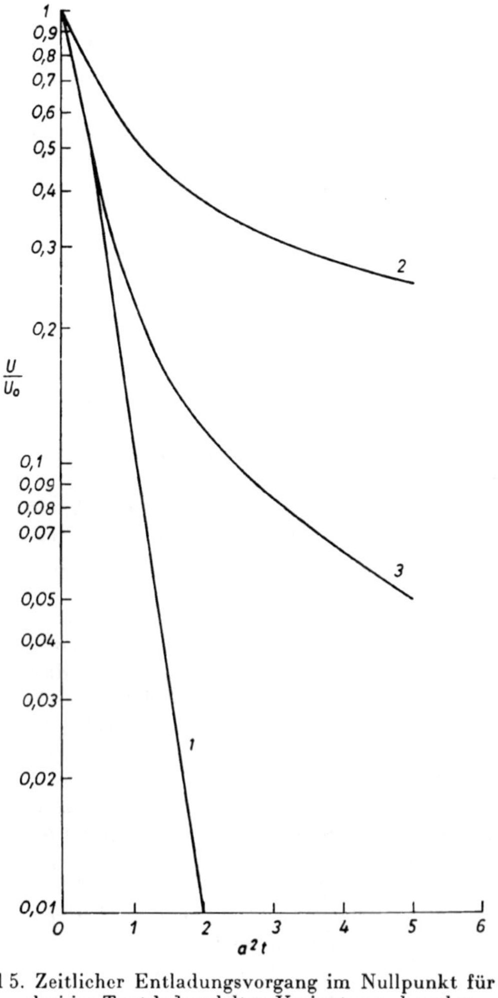

Bild 5. Zeitlicher Entladungsvorgang im Nullpunkt für die drei im Text behandelten Varianten *a*, *b* und *c*

Verhältnissen der Praxis besser entsprochen werden. Das ergibt dann den hier behandelten Fall:

Der Streifen habe eine Länge von $x = -l$ bis $x = +l$, d. h. $2l$. Die Randbedingungen lauten $U = U_0$ zur Zeit $t = 0$ auf der gesamten Fläche des Streifens, d. h. überall gleiche Anfangsladung im Bereich $x = -l$ bis $+l$. An den Enden dieses Bereiches ist U stets gleich Null, d. h. der Streifen ist dort geerdet. Die Lösung stellt sich dann als Fourier-Reihe dar:

$$U(x,t) = \frac{4}{\pi}\left\{\cos\frac{\pi x}{2l}\, e^{-(\pi a/2)^2 t} - \frac{1}{3}\cos\frac{3\pi x}{2l}\, e^{-(3\pi a/2)^2 t} + \frac{1}{5}\cos\frac{5\pi x}{2l}\, e^{-(5\pi a/2)^2 t} - + \cdots\right\}. \quad (8)$$

Dabei ist $a^2 = d/\varrho_F \varepsilon_0 \varepsilon l^2$.

Der nach dieser Beziehung (8) erfolgende zeitliche Entladungsvorgang an der Stelle $x = 0$, d. h. in der Mitte eines zweiseitig an den Enden geerdeten Streifens der Länge $2l$ bzw. an der nicht geerdeten Kante eines einseitig geerdeten Streifens der Länge l (wie beim AATCC-Standard [14]) ist im Bild 5 in Abhängigkeit von $a^2 t$ durch Kurve 1 dargestellt.

Die Entladung erfolgt in diesem Fall nahezu exakt exponentiell, da die Reihe (8) stark konvergiert und mit wachsendem t praktisch nur noch der erste Exponentialterm wirksam ist.

Variante b:

Ist der Streifen im Bereich von $x = -l$ bis $x = +l$ zur Zeit $t = 0$ konstant aufgeladen und nach beiden Seiten hin unendlich ausgedehnt, so liegt der Fall eines durch Reibung lokal aufgeladenen Kleidungsstückes vor, das nur in einer Richtung einen gewissen Leiteffekt besitzt. Das kommt relativ häufig bei Gewirken und Gestricken vor, bei denen der Leiteffekt in Richtung des Fadenverlaufes mitunter um 1 bis 2 Größenordnungen besser ist als senkrecht zu dieser Richtung. Die Ladung kann sich dann vorwiegend nur in einer Richtung ausbreiten. Da die Kanten der aufgeladenen Zone nicht geerdet sind wie in Variante *a*, vollzieht sich der Entladungsprozeß deutlich langsamer.

Die dieserart vorgegebenen Rand- und Anfangsbedingungen werden durch folgende Lösung erfüllt:

$$U(x,t) = \frac{1}{\sqrt{\pi}} \int\limits_{\frac{-\frac{x}{l}-1}{2a\sqrt{t}}}^{\frac{-\frac{x}{l}+1}{2a\sqrt{t}}} e^{-\xi^2}\, d\xi .$$

Die Funktion

$$\Phi(x) = \frac{2}{\sqrt{\pi}} \int\limits_0^x e^{-x^2}\, dx$$

ist als „Gaußsche Fehlerfunktion" tabelliert. Damit ergibt sich:

$$U(x,t) = \frac{1}{2}\left\{\Phi\left(\frac{\frac{x}{l}+1}{2a\sqrt{t}}\right) - \Phi\left(\frac{\frac{x}{l}-1}{2a\sqrt{t}}\right)\right\}. \quad (9)$$

Für die Mitte ($x = 0$) der aufgeladenen Zone des Streifens ist der zeitliche Entladungsprozeß durch Kurve 2 in Bild 5 dargestellt. Die Entladung weicht in diesem Falle wesentlich von der exponentiellen Charakteristik ab und erfolgt erheblich langsamer als bei Variante a).

Variante c:

Diese Variante charakterisiert sicherlich die in der Praxis vorkommenden Verhältnisse am besten. Eine kreisförmige Zone eines Flächengebildes mit dem Radius R sei zur Zeit $t = 0$ gleichmäßig aufgeladen. Die Ladungsausbreitung erfolgt radial nach außen über die anfangs ungeladene Fläche der Umgebung, wobei der Flächenwiderstand ϱ_F richtungsunabhängig sei und damit die Ladung zu jedem beliebigen Zeitpunkt radialsymmetrisch verteilt ist. Als Koordinate wird der Abstand r vom Mittelpunkt benutzt. Die Differentialgleichung (7) für dieses Zylinderproblem lautet dann

$$\frac{dU}{dt} = \frac{d}{\varrho_F \varepsilon \varepsilon_0} \frac{d^2 U}{dr^2}, \quad (10)$$

und die Lösung für die angegebenen Rand- und Anfangsbedingungen lautet

$$U(r,t) = \int\limits_0^\infty J_1(\omega) J_0\left(\omega \frac{r}{R}\right) e^{-\omega^2 a^2 t}\, d\omega, \quad (11)$$

bzw. für den zeitlichen Entladungsprozeß im Mittelpunkt der aufgeladenen Zone gilt

$$U(t) = \int\limits_0^\infty J_1(\omega) e^{-\omega^2 a^2 t}\, d\omega .$$

J_0 und J_1 sind die Besselschen Funktionen nullter und erster Ordnung, die tabelliert sind [15]. Für a gilt analog zu den beiden anderen behandelten Varianten:

$$a^2 = \frac{d}{\varrho_F \varepsilon_0 \varepsilon R^2}. \quad (12)$$

Der Entladungsvorgang im Mittelpunkt ist durch die Kurve 3 im Bild 5 dargestellt.

Auf Grund der flächenhaften Ladungsausbreitung erfolgt die Entladung erheblich schneller als im eindimensionalen Fall (Kurve 2). *Henry*, *Livesey* und *Wood* [16] behandeln eine andere Variante, bei der ein gleichmäßig ebenes aufgeladenes Flächengebilde von zwei gegenüberliegenden parallelen leitfähigen (geerdeten) Klemmen mit dem Abstand 2b gehalten wird. Die gegenpolige Influenzladung erscheint dann in den Klemmen, da in diesem Falle die zum Flächengebilde parallele Platte als Unterlage fehlt. Für die Halbwertszeit $t_{1/2}$ des Entladevorganges erhalten die Autoren

$$t_{1/2} = 0{,}4 \cdot \varepsilon_0(\varepsilon + 1)\varrho_F b .$$

Zum Vergleich seien die Zeiten für den Rückgang der Anfangsladung im Nullpunkt auf die Hälfte ($t_{1/2}$) und auf ein Viertel ($t_{1/4}$) bei den drei oben behandelten Varianten angeführt:

$$\begin{array}{llll} & t_{1/2} & t_{1/4} & \\ a & 0{,}4 & 0{,}65 & \left.\right\} \times \varepsilon_0 \varepsilon \varrho_F \dfrac{l^2}{d} \\ b & 1{,}1 & 5{,}1 & \\ c & 0{,}4 & 1{,}5 \times \varepsilon_0 \varepsilon \varrho_F \dfrac{R^2}{d} & \end{array}$$

Hierbei sei betont, daß insbesondere bei den Varianten b und c die Entladung stark von der exponentiellen Charakteristik abweicht und damit der Begriff „Halbwertszeit" seinen Sinn verliert. Die Unterschiede im Entladungsverhalten kommen demnach bei größeren Zeitwerten erheblich stärker zum Ausdruck.

3.3. Diskussion und Schlußfolgerungen

Als geometrische Größen sind für die Entladung l^2/d bzw. R^2/d maßgebend, d. h. bemerkenswert ist die Abhängigkeit vom Quadrat der Ausdehnung der aufgeladenen Zone. Der Abstand d von der leitenden Unterlage hat einen reziproken Einfluß. Für die Herleitung der Forderung an den Wert des spezifischen Flächenwiderstandes ϱ_F sollte Variante c herangezogen werden, da stets damit gerechnet werden muß, daß eine isolierende Unterschicht vorliegt, die eine Ableitung direkt zur Unterlage hin verhindert. Für R wird ein Wert von 5 cm und für d ein Wert von 0,1 cm für angemessen gehalten; der Wert für ε wird einen Betrag von 2 nicht überschreiten (s. o.).

Wenn man noch damit rechnet, daß die Fläche im ungünstigsten Falle maximal aufgeladen wird, und fordert, daß diese Maximalladung innerhalb von 10 s auf 1/10 des ursprünglichen Wertes zurückgegangen ist, so ergibt sich aus der Beziehung (12) und aus der Kurve 3, Bild 5, ein Wert für den zulässigen spezifischen Flächenwiderstand

$$\varrho_F \approx 10^{11}\,\Omega.$$

Unterhalb dieses Wertes sind demnach Aufladungseffekte auch bei sehr leichten Stoffen (ca. 100 g/m²) nicht zu erwarten. Berücksichtigt man, daß bei schweren Stoffen größere Kräfte zum Haften erforderlich sind, so kann entsprechend der Abhängigkeit der Kraft vom Quadrat der Ladung für den Grenzwert des spezifischen Flächenwiderstandes folgende Beziehung formuliert werden:

$$\varrho_{F_{gr}} = 10^{10} \sqrt{m_A} \quad \text{in } \Omega; \qquad (13)$$

m_A Masse je Flächeneinheit in g/m².

Leider kann diese „Idealgrenze" für den Antistatikeffekt insbesondere bei trockenem Klima mittels einer Permanentveredlung praktisch nur schwer erreicht werden. Aus der Erfahrung ist bekannt, daß bereits unterhalb eines Wertes für $\varrho_F = 10^{12}\,\Omega$ elektrostatische Effekte beim Tragen von Textilien sehr unwahrscheinlich sind. Das liegt daran, daß die Reibvorgänge meist nicht so intensiv sind, daß die „Maximalladung" auftritt, wie das bei der Herleitung der Beziehung (13) vorausgesetzt wurde. Aus diesem Grunde sind Bemühungen verständlich und begründet, Prüfverfahren zu finden, die außer dem Entladungseffekt zusätzliche Informationen über die primäre Ladungsentstehung beim Reiben mit verschiedenen Faserstoffen liefern.

4. Beurteilung der Aufladbarkeit durch Reibung

Bei der Prüfung des Antistatikeffektes sollte man grundsätzlich bemüht sein, die beiden Wirkungsmechanismen auseinanderzuhalten und getrennt zu beurteilen:

Verhinderung einer primären Ladungstrennung und nachträgliche Ableitung der Aufladung.

Das ermöglicht eine wesentlich bessere Einschätzung des Gebrauchsverhaltens. Nach den im vorangehenden Abschnitt angestellten Betrachtungen kann ein Stoff als „ideal antistatisch" gelten, wenn sein spezifischer Flächenwiderstand ϱ_F in trockenem Klima bei 30% rel. Luftfeuchte in Längs- und Querrichtung $\leqq 10^{10} \sqrt{m_A}\,\Omega$ ist. In diesem Falle erübrigt sich jede weitere Prüfung. Insofern sollte stets mit der Messung des spezifischen Flächenwiderstandes begonnen werden. Liegt der spezifische Widerstand sogar um ein bis zwei Größenordnungen unterhalb dieser Grenze, so hat man die Gewißheit, daß noch eine beträchtliche Reserve vorhanden ist. Das heißt, eine antistatische Wirkung ist auch noch bei geringerer Luftfeuchte gewährleistet, als sie bei der Prüfung vorlag. Eine solche Reserve kann in der Tat nur durch eine Widerstandsmessung erkannt werden. Das ist als ein erheblicher Vorteil dieser Prüftechnik zu werten.

Liegt der spezifische Flächenwiderstand im Bereich zwischen 10^{11} und $10^{12}\,\Omega$, ist ebenfalls noch ein für die meisten praktischen Fälle hinreichender Entladungseffekt vorhanden. In diesem Falle kann aber die Einschätzung der primären Aufladbarkeit durch Reibung mit verschiedenen Faserstoffen die Aussage über die antistatische Qualität eines Stoffes wesentlich ergänzen. Liegt der spezifische Flächenwiderstand ϱ_F oberhalb von $10^{12}\,\Omega$, so reicht bei Vorhandensein einer hohen Aufladung die Entladung nicht mehr aus, um Klebeeffekte zu verhindern. Falls dennoch ein gewisser Antistatikeffekt vorliegt, so kann dieser nur auf einer Verhinderung der primären Ladungstrennung beruhen und damit nur durch eine Reibungsprüfung erkannt werden. Die „Zuverlässigkeit" eines dieserart ermittelten Effektes ist jedoch keineswegs so gut wie bei einem Leiteffekt. Denn es läßt sich sicherlich ein Reibmaterial (z. B. eine PVC-Folie auf einer Sitzfläche) finden, mit dem eine hohe Ladung erzeugt werden kann, auch wenn bei Reibung gegenüber den praktisch häufig vorkommenden Faserstoffen (Polyester, Polyamid, Polyacrylnitril, Wolle, Cellulose) nur eine geringe Aufladbarkeit festgestellt wird. Diese Aspekte sind bei der Qualitätseinstufung zu berücksichtigen.

Bei der Konzipierung der Prüfung der Aufladbarkeit mittels Reibung sollten entsprechend den in der Praxis vorliegenden Verhältnissen folgende Bedingungen eingehalten werden:

a) einmalige leichte Reibung der zu prüfenden Oberfläche gegenüber einer wesentlich größeren ungeladenen, gut gewaschenen textilen Oberfläche mit annähernd konstanter Geschwindigkeit von beispielsweise 0,5 m/s,

b) Benutzung der häufigsten praktisch vorkommenden Faserstoffe als Reibpartner, z. B. Polyester, Polyamid, Polyacrylnitril, Wolle und Cellulose sowie Polyvinylchlorid als ein Material, bei dem die Aufladungstendenz meist besonders hoch ist.

In der Tat lassen sich diese Bedingungen ohne größeren apparativen Aufwand mit einfachen Mitteln realisieren. Falls kein Elektrometer als Meßgerät zur Verfügung steht, kann der Klebeeffekt an einer schräggestellten Metallplatte zur Beurteilung der Höhe der Aufladung benutzt werden, so wie es der bereits erwähnte AATCC-Standard (14) vorschreibt. Diese Standardvorschrift wurde in eigenen Experimenten etwas modifiziert, um den hier angeführten beiden Bedingungen Rechnung zu tragen. Dabei hat sich folgende Anordnung und Verfahrensweise als geeignet erwiesen:

Der Prüfling mit den Abmessungen 50×80 mm² wird auf einer ebenen rechteckigen Aluminiumplatte als Probenträger mit den Abmessungen 60×150 mm², einer Dicke von 8 mm und einer Masse von 215 g an einer kurzen Stirnfläche dieser Platte festgeklemmt (siehe Bild 6). Als Reibpartner dienen gut gewaschene Stoffstreifen (Rundgestrick) aus den oben angegebenen Faserstoffen. Diese Streifen mit den Abmessungen 8 cm $\times$ 60 cm liegen nebeneinander auf einer isoliert angeordneten Metallplatte, die zum Zwecke der Ladungsmessung mit einem Elektrometer verbunden ist. Unter dieser Metallplatte befindet sich zur Abschirmung von Störspannungen eine gleichgroße geerdete Metallplatte. Zur Gewährleistung eines ungeladenen Ausgangszustandes werden vor Beginn der Prüfung sämtliche Stoffflächen mittels eines Ionisators entladen. Der Probenträger wird mit dem Prüfling nach unten auf einen der Stoffstreifen aufgelegt, mit einer Geschwindigkeit von ca. 0,5 m/s über den Streifen abgezogen; als Belastung der sich berührenden Reibflächen wirkt die Masse der Platte (≈ 5 g/cm²). Sofort nach dem Reibvorgang wird die Platte mit dem Prüfling abgehoben und in einer geeigneten Halterung schräg mit einem Winkel von 70° zur Waagerechten angeordnet. Haftet der Prüfling infolge der durch die Reibung erzeugten Aufladung an der Fläche, so wird die Zeit vom Abschluß des Reibvorganges bis zum Abfallen des Prüflings von der schräggestellten Fläche als Maß für den Antistatikeffekt benutzt. Die beim Reibvorgang auf dem Prüfling erzeugte Aufladung kann nach dem Abheben der Trägerplatte von der Reibfläche am Elektrometer abgelesen werden, da der geriebene Stoffstreifen naturgemäß die gleichgroße Gegenladung trägt. Zur rationellen Ausführung mehrerer gleichzeitiger Prüfungen empfiehlt sich die Benutzung mehrerer Probenträger.

Das hier vorgeschlagene Reibverfahren hat den Vorteil, daß der Prüfling bei der Bewegung längs der Reibstrecke stets erneut mit ungeladener Reibfläche in Berührung kommt, da diese erheblich größer als der Prüfling ist. Dadurch ist während des gesamten Reibvorganges von seiten des Reibpartners stets ein definierter Ausgangszustand vorhanden und auch die Aufladungswahrscheinlichkeit am größten. Denn bei wiederholter Reibung gegen die gleiche Fläche, wie es der AATCC-Standard [14] vorschreibt, entsteht dann keine zusätzliche Aufladung mehr auf dem Prüfling, wenn die Reibfläche selbst bereits maximal aufgeladen ist.

Bei der Beurteilung der Zeiten für das Haften sind die im Abschnitt 3 erläuterten physikalischen Verhältnisse zu berücksichtigen. Für den Entladungsvorgang ist praktisch der spezifische Durchgangswiderstand ϱ_D nach Gleichung (3) wirksam. Der Entladungsvorgang verläuft danach meist schneller als bei Vorliegen einer isolierenden Unterlage und dem Ladungsabfluß nach der Seite. Die Entladungszeit kann dann beispielsweise um einen Faktor 10 höher liegen. Sind die Probenträgerplatten dieserart mit einer gut isolierenden Schicht belegt, so gilt für den Entladungsvorgang Kurve 1 im Bild 5, d. h. der Flächenwiderstand ϱ_F wird wirksam. Für l ist die lange Seite der Probe (8 cm) einzusetzen. Auch in diesem Falle erfolgt die Entladung noch schneller als in der die praktischen Verhältnisse am besten repräsentierenden Variante c (Kurve 3). Dieser Sachverhalt sollte bei der

Bild 6. Anordnung zur Prüfung der Aufladung und der dadurch bedingten Haftung von Flächenproben an einer Unterlage nach einem Reibungsvorgang gegenüber verschiedenen textilen Flächengebilden

Festlegung der Güterichtlinien nicht übersehen werden. Von einem guten antistatischen Effekt sollte demnach nur dann gesprochen werden, wenn bei der Prüfung im trockenen Klima (30% rel. Luftfeuchte) nach dem hier vorgeschlagenen Verfahren bei Reibung gegen die Polyamid-, Polyester-, Polyacrylnitril-, Woll- und Baumwollgestricke auch bei mehrfacher Wiederholung der Versuche der Prüfling nicht länger als 5 bis 10 s nach dem Reibprozeß haftet. Ist diese Bedingung auch bei der Reibung gegen das Polyvinylchloridgestrick erfüllt, kann der antistatische Effekt durchaus als sehr gut eingeschätzt werden.

Literatur

[1] *Johnson, K.:* Antistatic Agents; Technology and Applikations. Park Ridge: Noyes Data Corp. 1972; Mod. Textiles Mag. **52** (1971) 2, S. 10; Textil-Mitteilungen **27** (1972) 7, S. 17; Amer. Dyestuff Rep. **60** (1971) 2, S. 63; Textile Ind. **133** (1969) 1, S. 24; Chemical Fibres Service X/1972, S. 45; Chemiefasern/Textilind. **23/75** (1973) 3, S. 198.

[2] Durch Strahlung synthetisierte Seide. Textile Ind. **136** (1972) 8, S. 32; *Teichmann, R.:* Polyamid 6 als Rückgratpolymeres bei mangan(IV)-initiierten Pfropfpolymerisationen. Faserforschung u. Textiltechnik **24** (1973) 9, S. 351—354.

[3] *Schumann, W.:* Untersuchungen zur elektrostatischen Aufladung fester Körper. Leipzig: Dissertation 1962. Plaste und Kautschuk **10** (1963) 9, S. 526—531; 10, S. 590—593; 11, S. 654—659.

[4] Autorenkollektiv: Statische Elektrizität bei der Verarbeitung von Chemiefasern. Leipzig: Fachbuchverlag, 1963.

[5] *Löbel, W.:* Zur Einschätzung der Aufladbarkeit von Textilien bei der Verarbeitung. Faserforschung u. Textiltechnik **23** (1972) 9, S. 385—390.

[6] Wissensspeicher für Technologen, Textiltechnik. Leipzig: Fachbuchverlag 1969.

[7] *Grüner, H.:* Untersuchungen über den Entstehungsmechanismus der elektrostatischen Aufladungen von Faserstoffen. Faserforschung u. Textiltechnik **4** (1953) 6, S. 249—260; 7, S. 275—287.

[8] TGL 142-2055. Textilprüfung; Bestimmung des elektrischen Widerstandes von Faserstoffen und Textilien.

[9] *Löbel, W.,* und *Kux, F.:* Untersuchung verschiedener Einflußfaktoren des elektrischen Widerstandes von Faserstoffen. Faserforschung u. Textiltechnik **12** (1961) 4, S. 157—161.

[10] *Löbel, W.:* Zur Aufladbarkeit von Personen beim Begehen von textilen Fußbodenbelägen. Faserforschung u. Textiltechnik **24** (1973) 4, S. 163—169.

[11] *Medley, J. A.:* The discharge of electrified textiles. J. Textile Inst. **45** (1954) S. T123—T141.

[12] *Löbel, W.:* Untersuchungen zur Prüfung der antistatischen Wirkung von Textilhilfsmitteln. Faserforschung u. Textiltechnik **19** (1968) 3, S. 110—115.

[13] *Baule, B.:* Die Mathematik des Naturforschers und Ingenieurs. Bd. IV. Partielle Differentialgleichungen. Leipzig: Hirzel-Verlag 1945.

[14] AATCC 115-1965 T. Electrostatic Clinging of Fabrics: Fabric-to-Metal Test.

[15] *Jahnke/Emde:* Tafeln höherer Funktionen. Leipzig; Teubner 1948.

[16] *Henry, P. S. H., Livesey, R. G.,* und *Wood, A. M.:* A test for liability to electrostatic charging. J. Textile Inst. **58** (1967) 2, S. 55—77.

Eingegangen am 28. August 1973

Zur Bestimmung der Trennteilchengröße von Filtergeweben[1])

Reiner Tittel und Rolf Berndt

Technische Universität Dresden, Sektion Verarbeitungs- und Verfahrenstechnik

DK 677.5.—485:677.021.123.32:66.067.33:677.533

Die Arbeit behandelt die Kennzeichnung von metallischen Tressengeweben, die u. a. für die Filtration von Spinnlösungen von wachsendem Interesse sind. Wegen ihres regelmäßigen Aufbaues ist die Definition einer Trennteilchengröße für diese Gewebe sinnvoll. Sie ermöglicht eine Vorausbestimmung der maximalen Teilchengröße bzw. bei deren Vorgabe die Aufstellung von Forderungen hinsichtlich der Gewebeabmessungen.

Об определении размеров частиц, разделяемых при помощи фильтровальных тканей

В работе рассматривается характеристика металлических тканей, интерес к которым возрастает, между прочим, и для фильтрации прядильных растворов. Ввиду регулярности их структуры определение размеров частиц, разделяемых на таких тканях, целесообразно. Оно дает возможность предварительного определения максимальных размеров частиц или, при заданных их размерах, предъявления определенных требований в отношении структуры ткани.

Determination of the Size of Particles Separated by Filter Fabrics

The designation of metallic fabrics, aquiring growing importance for the filtration of spinning solutions, is considered. Because of the regular fabric construction the definition of a particle size separation parameter is possible, which allows the determination of maximum particle size and, if this is known, of the demands to be met by the fabric.

Die Prozeßbeschreibung für die Filtration erfordert Aussagen über den granulometrischen Zustand in der Ausgangssuspension und im Filtrat. Die Änderung des granulometrischen Zustandes und somit die im Filtrat noch enthaltenen Teilchengrößen sind dabei u. a. eine Funktion der Porenweiten der Filtermittel. Für ein konventionelles textiles Filtermittel ist es jedoch wenig sinnvoll, *eine* Porenweite zu definieren und analytisch zu bestimmen, da sich hier zwei Porensysteme (Garn- und Gewebeporen) überlagern, die ihrerseits wieder in breiter Porenweitenverteilung vorliegen; die Porenweiten ändern sich überdies noch stark bei mechanischer Belastung und sind von zahlreichen textiltechnologischen Parametern abhängig. Deshalb werden zur Bestimmung der für die Trennteilchengrößen besonders interessierenden Spektren der Gewebeporenweiten experimentelle Wege vorgeschlagen [1, 2].

Andere Verhältnisse herrschen bei metallischen Tressengeweben. Diese werden in zunehmendem Maße und auf verschiedenen Gebieten als Filtermittel vor allem für die Klärfiltration eingesetzt, so z. B. zur Wasserreinigung und zur Filtration von Spinnlösungen [3, 4]. Gerade im letzten Fall interessieren weniger detaillierte Angaben über die Änderung des granulometrischen Zustandes des dispersen Feststoffes als vielmehr die maximale Teilchengröße und ihre Menge im Filtrat.

Für Tressengewebe kann diese maximale Teilchengröße aus einer zu definierenden Porenweite in Abhängigkeit von den Gewebeparametern bestimmt werden, wobei die Bindungsarten, die sich meist auf Köper- und Leinwandbindung beschränken, zu berücksichtigen sind.

Die Definition der Porenweiten ist für Tressengewebe im Gegensatz zu textilen Geweben sinnvoll, da sie die erforderliche Festigkeit und Maßhaltigkeit bei ihrer Herstellung und während des Filtrationsprozesses besitzen. Damit wird gleichzeitig eine präzisere Prozeßbeschreibung möglich.

1. *Aufbau der Tressengewebe*

Für die Ermittlung der Porenweiten ist zunächst eine Erläuterung des prinzipiellen Aufbaus der Gewebe erforderlich, der vom Hersteller durch folgende Angaben gekennzeichnet wird:

1. Teilung bzw. Nummer des Gewebes — Anzahl der Ketten je franz. Zoll[2]).
2. Anzahl der Drähte je Kette (n_K)[3]).
3. Kett- und Schußdrahtdurchmesser (d_K; d_S).

So bedeutet:

Köpertresse Nr. 26; $2 \times 250/250$,

daß in einem franz. Zoll 26 Ketten mit je 2 Drähten von 250 µm Durchmesser enthalten sind und die Schußdrähte ebenfalls einen Durchmesser von 250 µm aufweisen. Eine entsprechende TGL befindet sich in Vorbereitung.

Bei beiden Bindungsarten der Tressengewebe, der Köper- und der Leinwandbindung, sollen unter Kettdrähte die gestreckt im Gewebe liegenden Drähte im Teilungsabstand t_1' verstanden werden (Bild 1). Die Schußdrähte umschlingen die Kettdrähte, wobei bei der Leinwandbindung die Schußdrähte nach jeder Kette von einer Gewebeseite zur anderen wechseln, während bei der Köperbindung der Wechsel erst nach jeder zweiten Kette erfolgt. Zwischen zwei benachbarten Schüssen erfolgt der Wechsel in beiden Fällen um eine Kette versetzt. Durch die aneinandergeschlagenen Schußdrähte (Nullmaschen) verlaufen die Poren bei Tressengeweben nicht senkrecht zur Filterebene, sondern liegen in dieser selbst. Dabei wird der kürzeste Weg, den ein Teilchen beim Durchdringen des Gewebes nehmen kann, als Pore definiert. Je nach Bindungsart der Gewebe bewirken unterschiedliche kleine Querschnitte innerhalb einer Pore den Filtrationsvorgang. Teilchen, die größer als diese engsten Querschnitte sind, werden — unabhängig vom jeweiligen physikalischen Abscheidevorgang — zurückgehalten. Deshalb ist die Kenntnis

[1]) Vortrag zur 10. Diskussionstagung „Mechanische Flüssigkeitsabtrennung" am 11. und 12. 10. 1972 in Magdeburg.

[2]) Im textilen Sprachgebrauch: Anzahl der Kett*drahtgruppen.*

[3]) dsgl. je Kett*drahtgruppe.*

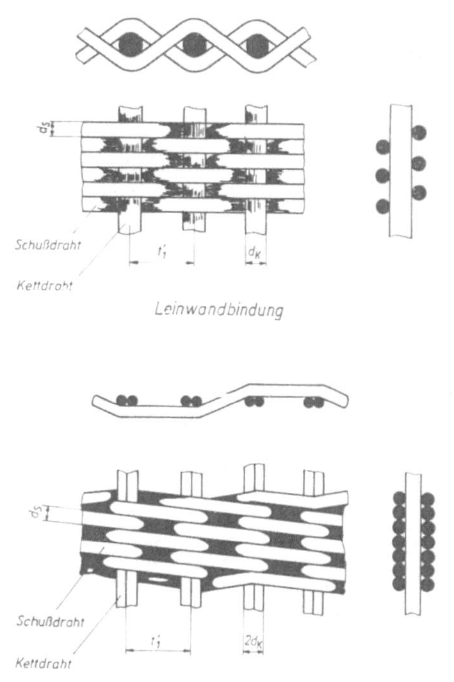

Bild 1. Tressengewebe

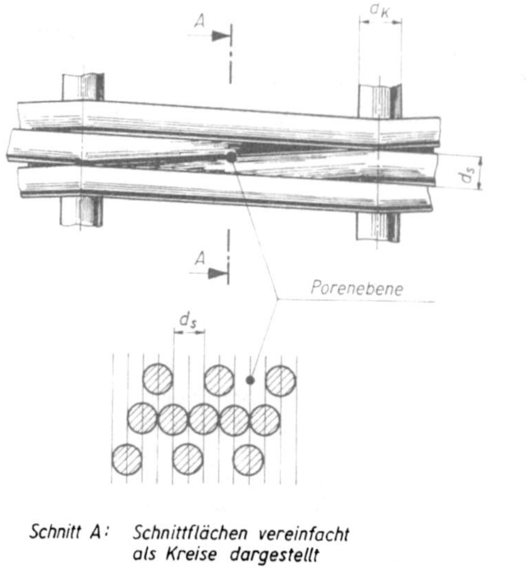

Bild 2. Ebene 1

dieser Querschnitte — im folgenden Ebenen genannt — in Abhängigkeit von den Gewebeparametern für die Auswahl der für den jeweiligen Filtrationsprozeß erforderlichen Gewebe von Bedeutung. Als Porenweite wird dabei der Durchmesser der größten Kugel definiert, die noch die engste Ebene passieren kann. Der Durchmesser dieser Kugel entspricht weiterhin der maximal möglichen Teilchengröße im Filtrat und wird daher als Trennteilchengröße aufgefaßt. Für die sehr engen Porenweitenspektren, die bei den Tressengeweben auftreten, ist diese Festlegung berechtigt. Beim Durchtritt durch das Gewebe können Teilchen von einer Pore in eine andere gelangen. Auf Grund des Gewebeaufbaues ist es jedoch nicht möglich, daß eine der filtrierenden Ebenen übersprungen wird oder auch nur die Reihenfolge der Ebenen sich ändert.

Zunächst ist die die Porenweite charakterisierende Ebene unbekannt. Es müssen daher für alle Ebenen die Größen der starren, kugelförmigen Teilchen bestimmt werden, die die jeweilige Ebene gerade noch passieren können. Ein Vergleich der Teilchengrößen läßt dann den Schluß auf die Porenweite und somit auf die Trennteilchengröße des Gewebes zu.

2. *Ermittlung der Trennteilchengrößen* (*Einzelheiten in* [5])

2.1. *Voraussetzungen und Einschränkungen der Gültigkeit*

Für die Charakterisierung der filtrierenden Ebenen in einer Pore müssen zunächst einige Vereinfachungen bzw. Annahmen getroffen werden.

1. Die aneinandergeschlagenen Schußdrähte liegen zwischen den jeweiligen Ketten gestreckt.
2. Die Umschlingung der Schußdrähte um die Kettdrähte wird vernachlässigt.
3. Die in sich gedrillten Porenebenen werden in eine Betrachtungsebene gedreht.
4. Die Teilchen sind, wie oben erwähnt, der Definition der Trennteilchengröße entsprechend starr und haben Kugelgestalt.

Unter der letzten Voraussetzung kann auch die Lage der Teilchen im Raum, die für den Durchgang durch eine Pore entscheidend sein kann, unbeachtet bleiben. Die Annahmen 1 bis 3 verfälschen die Ergebnisse nur wenig, besonders dann, wenn die Teilung (Abstand der Ketten) groß gegenüber den Drahtstärken ist.

2.2. *Trennteilchengröße bei Köperbindung*

Beim Durchdringen des Tressengewebes in Köperbindung muß ein Teilchen fünf Ebenen passieren, von denen jede Teilchen bis zu einer bestimmten Größe durch Siebwirkung nicht mehr zurückhalten kann. Im folgenden sollen die Berechnungsgrundlagen für die einzelnen Ebenen erläutert werden.

Teilchengröße: Ebene 1

Die Ebene 1 wird durch vier Schußdrähte begrenzt (Bild 2), wobei zwei im Abstand einer Schußdrahtstärke und zwei im Teilungsabstand minus zwei Schußdrahtdurchmesser gegenüber liegen. Da letzterer wesentlich größer ist als ein Schußdrahtdurchmesser, ergibt sich mit den zuvor getroffenen Annahmen für die Trennteilchengröße der Ebene 1 der Durchmesser eines Schußdrahtes. Daraus folgt auch, daß Teilchen in das Gewebe nur eindringen können, wenn ihr Durchmesser kleiner als diese Trennteilchengröße ist:

$$d_{Tr_1} = d_S \,. \tag{1}$$

Teilchengröße: Ebene 2

Für die Darstellung der Ebene 2 wurden das Gewebe senkrecht in zwei benachbarten Ketten geschnitten und die kreisförmigen Schnittbilder der die Ebene begrenzenden Schüsse jeweils miteinander verbunden (Bild 3). Durch eine grafische Konstruktion läßt sich

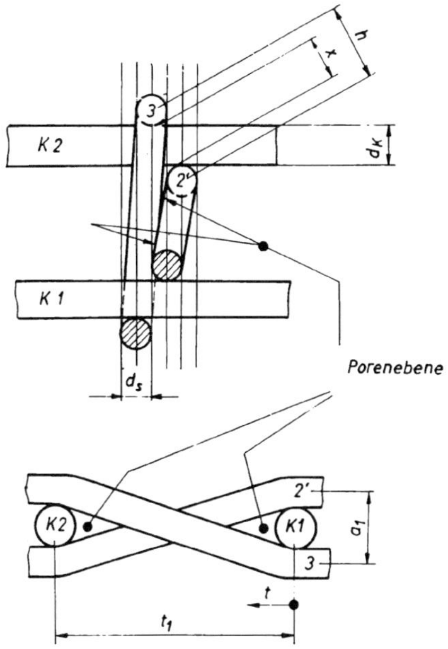

Bild 3. Ebene 2

nachweisen, daß die Porenengstelle der Ebene 2 sich dort befindet, wo die Schußdrähte 2 und 3 die gleichen Entfernungen vom Schußdraht 1 haben. Diese Entfernung von Mantellinie zu Mantellinie lassen sich aus den geometrischen Verhältnissen berechnen:

$$\left(\frac{x}{d_S}\right)_{1/3} = \left[(1+b)^2\left(\frac{t}{t_1}\right)^2 + \left(1-\frac{t}{t_1}\right)^2\right]^{0,5} - 1, \qquad (2)$$

$$\left(\frac{x}{d_S}\right)_{1/2'} = \left[(1+b)^2\left(1-\frac{t}{t_1}\right)^2 + \left(2-\frac{t}{t_1}\right)^2\right]^{0,5} - 1, \qquad (3)$$

$$\left(\frac{x}{d_S}\right) = \left(\frac{x}{d_S}\right)_{1/3} = \left(\frac{x}{d_S}\right)_{1/2'}. \qquad (4)$$

Für die genannten Bedingungen der gleich großen Entfernungen läßt sich aus dem im Schnitt senkrecht zum Schußdraht 1 entstehenden gleichschenkligen Dreieck (Bild 4) die Teilchengröße d_0 aus den Winkelfunktionen bestimmen.

$$\frac{d_0}{d_S} = \frac{\left[\left(\frac{x}{d_S}\right)+1\right]^2}{\left(\left[\left(\frac{x}{d_S}\right)+1\right]^2 - \frac{1}{4}\right)^{0,5}} - 1 \qquad (5)$$

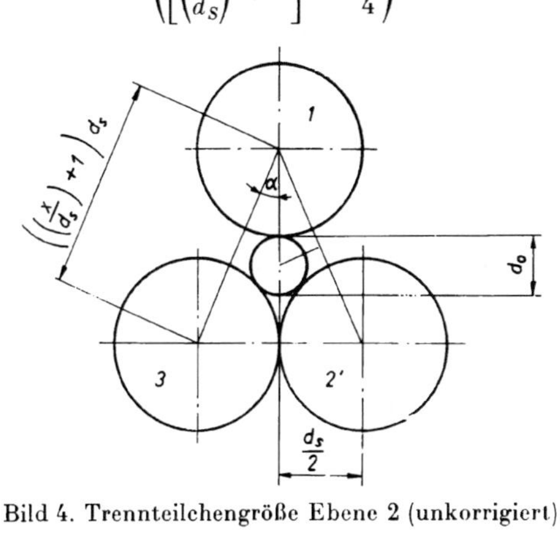

Bild 4. Trennteilchengröße Ebene 2 (unkorrigiert)

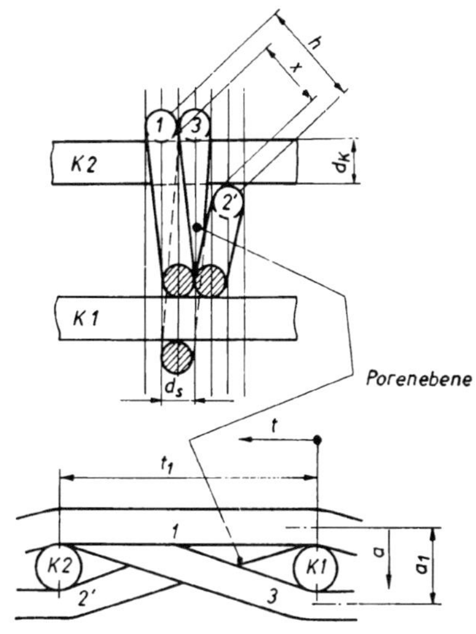

Bild 5. Ebene 3

Diese Teilchengröße wird gegenüber der realen durch den Anstieg der Schußdrähte 2' und 3 zu groß ausgewiesen, da infolge des Anstiegs die tatsächlichen Berührungspunkte der Teilchen an den beiden Schüssen vor bzw. hinter der Schnittebene liegen. Weiterhin werden durch den Anstieg die Schnittflächen der Schüsse zu Ellipsen. Der verursachte Fehler wird durch die Vernachlässigung der Umschlingung der Schußdrähte um die Kette teilweise kompensiert. In einem Korrekturglied Z sind der Einfluß der Ellipsenform, die Lage der die Ebene begrenzenden Drähte zueinander sowie die Lage der Berührungspunkte berücksichtigt.

Das Korrekturglied Z berechnet sich aus den geometrischen Verhältnissen:

$$Z = \frac{t_1}{[t_1^2 - d_S^2(1+b)^2]^{0,5}}. \qquad (6)$$

Die Trennteilchengröße der Ebene 2 ist unter Beachtung dieser Korrektur folgendermaßen zu beschreiben:

$$d_{Tr2} = d_0 - 0{,}4 d_S(Z-1). \qquad (7)$$

Teilchengröße: Ebene 3

Unter Verwendung einer gleichen Darstellungsmethode wie für die Ebene 2 kann für den Abstand der

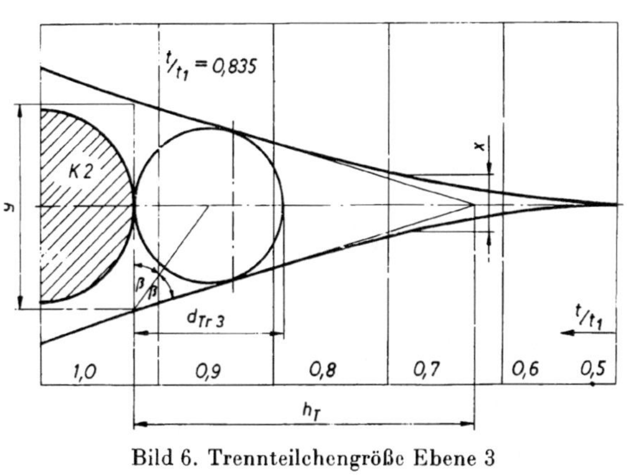

Bild 6. Trennteilchengröße Ebene 3

Mantellinien der Schußdrähte, die die Ebene 3 begrenzen, entsprechend Bild 5,

$$\left(\frac{x}{d_S}\right) = \left(1 + (1+b)^2 \left(2\frac{t}{t_1} - 1\right)^2\right)^{0,5} - 1 \quad (8)$$

geschrieben werden.

Durch Drehen der Porenebenen (Bild 6) in die Zeichenebene erhält man den wahren Verlauf der Mantellinie und kann analog zu Bild 4 ein Teilchen mit der Trennteilchengröße einzeichnen. In der Nähe der Berührungspunkte Teilchen/Schußdrahtmantellinie ändert sich der Anstieg nur gering, so daß für mittlere Gewebeabmessungen die Mantellinien durch Tangenten angenähert werden können. Aus dem entstehenden Dreieck läßt sich die Trennteilchengröße der Ebene 3 als einbeschriebener Kreis zu

$$d_{Tr3} = g\left(\left[\left(\frac{g}{2h_T}\right)^2 + 1\right]^{0,5} - \frac{g}{2h_T}\right) \quad (9)$$

berechnen, wobei

$$\frac{h_T}{t_1} = 0,5\left(1 + \frac{1-(1+(1+b)^2\cdot 0,436)^{0,5}}{(1+b)^2\cdot 0,66} - b\frac{d_S}{t_1}\right) \quad (10)$$

und

$$\frac{g}{d_S} = \frac{1+(1+b)^2\cdot 0,66\left(1 - b\dfrac{d_S}{t_1}\right)}{(1+(1+b)^2\cdot 0,436)^{0,5}} - 1. \quad (11)$$

Es sei schon hier darauf hingewiesen, daß durch die Tangentennäherung in den Punkten mit $t/t_1 = 0,83$ nur ein geringer Fehler verursacht wird. Für ein Drahtdurchmesserverhältnis von $b = 1,5$ wird durch die Näherung mit $b = 1,1$ die Teilchengröße um weniger als 1% verfälscht. Der technisch interessierende Bereich liegt für b im wesentlichen zwischen 1 und 1,5.

Teilchengröße: Ebene 4 und 5

Die Tressengewebe sind symmetrisch aufgebaut, so daß die Ebene 4 der Ebene 2 und die Ebene 5 der Ebene 1 entspricht.

2.3. *Trennteilchengröße bei Leinwandbindung*

Bei der Leinwandbindung muß ein Teilchen auf seinem Weg nur drei Engstellen, die den Ebenen 1, 3 und 5 der Köperbindung entsprechen, passieren, d. h. die Berechnung der Porenweiten erfolgt analog der Berechnung der Trennteilchengrößen der Ebene 1 und 3 bei der Köpertresse.

3. *Ermittlung der Porenanzahl*

Ebenfalls aus den Gewebeparametern läßt sich die Porenanzahl bestimmen. In der Köperbindung wird die Ebene 1 in Kettrichtung durch zwei benachbarte Schußdrähte gleicher Lage im Gewebe begrenzt, der sich je zwei Ebenen 2, zwei Ebenen 3 sowie dementsprechend zwei Ebenen 4 und eine Ebene 5 anschließen. Ausgehend von der großen Ausdehnung der Ebenen 1 und 5 in Schußrichtung kann angenommen werden, daß diese Ebenen zwei Poren enthalten, die sich in den übrigen Ebenen fortsetzen. Die Porenanzahl einer Filterfläche berechnet sich damit zu

$$n_p = \frac{A}{t_1' \cdot d_S}. \quad (12)$$

Diese Beziehung gilt für Köper- und Leinwandbindung.

4. *Experimentelle Überprüfung der Porenweiten und Einschätzung der Ergebnisse*

Die Porenweiten wurden über eine Kornscheidenbestimmung durch Siebung experimentell überprüft. Dabei kann nur eine Gesamtaussage über die kleinste Porenweite gegeben werden, denn die aufgegebenen Teilchen können insgesamt vom Gewebe nur zurückgehalten werden oder es passieren. Eine experimentelle Einschätzung der einzelnen Porenebenen ist daher nicht möglich. Sie dürfte auch weniger interessieren.

Für die experimentelle Überprüfung kamen nahezu kugelförmige Glaskörner zur Anwendung. In Tabelle 1 sind die analytischen Ergebnisse für alle Ebenen den experimentellen für vier untersuchte Gewebe gegenübergestellt. Es zeigt sich, daß bei der Köperbindung sowohl die Ebene 2 als auch die Ebene 3 die Trennteilchengröße der Gewebe bestimmen kann. Damit müssen für die analytische Ermittlung der Trennteilchengröße beide Ebenen berechnet werden. Die Werte weichen von den experimentellen um maximal 7% ab.

Einen Einfluß auf die Genauigkeit der Ergebnisse haben die Fertigungstoleranzen der Gewebe. Eine mikroskopische Überprüfung der Drahtstärken zeigt, daß Abweichungen bis zu 10% gegenüber den vom Werk angegebenen Daten auftreten. Des weiteren ist der Hersteller um die Fertigung eines möglichst „dichten" Gewebes bemüht, wodurch ein bis zu 10%iger „Überschlag" erreicht wird. Auf eine Längeneinheit in Kettrichtung entfallen somit bis zu 10% Schußdrähte mehr als theoretisch auf Grund der Nenndrahtstärken bei engster Lage möglich wären. Die Drähte werden dabei durch die mechanische Beanspruchung abgeplattet. Für eine Gewebeauswahl ist es ausreichend, von den Nennwerten der Gewebeparameter auszugehen, da die Trennteilchengröße bei Berücksichtigung der realen Gewebeabmessungen nur um etwa 4% von den mit den Nennwerten berechneten abweichen.

Tabelle 1. Vergleich analytischer und experimenteller Ergebnisse

Gewebeart Teilung/Drahtstärken	analytisch bestimmte Trennteilchengrößen in µm			experim. bestimmte Trennteilchengrößen in µm
	d_{Tr1}	d_{Tr2}	d_{Tr3}	
Köper Nr. 26 2 × 250/250	250	**102**	107	99
Köper Nr. 32 160/125	125	**76**	103	79
Köper Nr. 60 160/100	100	66	**59**	63
Leinwand Nr. 16 280/224	224	—	**166**	210

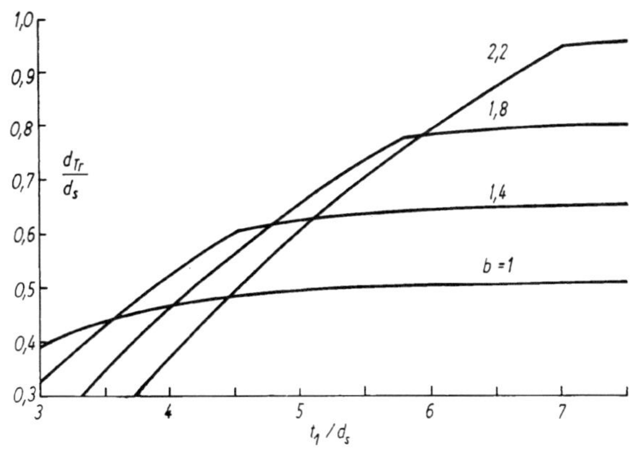

Bild 7. Trennteilchengröße bei Köperbindung

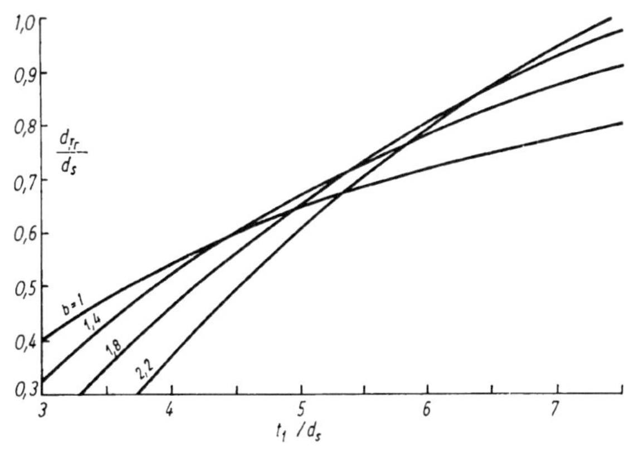

Bild 8. Trennteilchengröße bei Leinwandbindung

5. *Grafische Darstellung der analytischen Ergebnisse*

Um eine schnelle Abschätzung der zu erwartenden Trennteilchengrößen für unterschiedliche Gewebeparameter vornehmen zu können, wurden für die untersuchten Bindungsarten der Tressengewebe die funktionellen Zusammenhänge in Diagrammen dargestellt. Durch Bezug aller Größen auf den Schußdrahtdurchmesser entstanden dimensionslose Parameter, so daß die Trennteilchengrößen als Funktion der Teilung mit dem Parameter Kettdrahtdurchmesser aufgetragen werden konnten (Bilder 7 und 8).

Die Trennteilchengröße der Köperbindung wird unabhängig von der die Trennteilchengröße bestimmende Ebene für ein Drahtdurchmesserverhältnis b durch einen geschlossenen Kurvenzug dargestellt. Die Umschlagspunkte zwischen den Ebenen 2 und 3 werden durch die Bedingung

$$\frac{t_1}{d_K} = \frac{t_1}{b \cdot d_S} \cong 3{,}22 \qquad (13)$$

beschrieben.

Wird dieses Verhältnis infolge von großen Teilungen t_1 bzw. kleiner werdenden Drahtdurchmesserverhältnissen b größer als 3,22, so bestimmt die Ebene 2 die Trennteilchengröße. Bei umgekehrten Verhältnissen ist die Ebene 3 maßgebend. Mit sehr großen Teilungen streben die Trennteilchengrößen einem Grenzwert zu. Dieser Wert ist

$$d_{Tr} = d_{Tr2} = d_0,$$

da mit wachsender Teilung die Schnittflächen der Schußdrähte von der Ellipsenform immer mehr in Kreise übergehen und somit das Korrekturglied Z nach 1 strebt. Bei großen Teilungen und sehr großen Kettdrahtdurchmessern bestimmt die Ebene 1 die Trennteilchengröße. Derartige Gewebe sind aber technisch weniger interessant.

Der Vorteil des Diagrammes liegt darin, daß ohne aufwendige Berechnung und ohne Kenntnis der die Porenweite bestimmende Ebene die Trennteilchengröße für die Gewebeparameter sofort abgelesen werden kann.

Für die Tressengewebe in Leinwandbindung bestimmt die Ebene 3 die Trennteilchengröße. Nur bei sehr großen Teilungen und Kettdrahtdurchmessern kann analog zur Köperbindung die Ebene 1 ausschlaggebend für die Trennteilchengröße sein.

6. *Schlußfolgerungen und Zusammenfassung*

Aus den Untersuchungen zur Charakterisierung der metallischen Tressengewebe als Filtermittel können folgende Schlußfolgerungen gezogen werden.

1. Der Aufbau der metallischen Tressengewebe ist regelmäßig. Die einzelnen Drähte haben eine stabile Lage zueinander, so daß sich die zwischen ihnen aufgespannten Ebenen analytisch beschreiben lassen. Die Definition einer Trennteilchengröße für diese Gewebe ist sinnvoll.
2. Unabhängig von der die Trennteilchengröße bestimmenden Ebene sind alle vorgelagerten Ebenen einer Pore filtrationswirksam, während die nachfolgenden nicht oder nur durch Anlagerung kleinerer Teilchen am Filtrationsvorgang teilnehmen. Durch die filtrationswirksamen Ebenen wird in Tressengeweben eine Stufenfiltration realisiert.
3. Auf Grund des symmetrischen Gewebeaufbaues bietet sich für die Anwendung an, die Gewebe nach jeder Regeneration von der anderen Seite her anzuströmen.
4. Anhand der Ergebnisse kann für die Verwendung von Tressengeweben als Filtermittel mit den Gewebeparametern die maximale Teilchengröße im voraus bestimmt werden. Umgekehrt kann bei Vorgabe einer Trennteilchengröße eine Gewebeauswahl vorgenommen bzw. können Forderungen hinsichtlich der Gewebeabmessungen an die Hersteller gestellt werden.
5. Ziel weiterer Untersuchungen soll sein, die gefundenen Ergebnisse in einem technischen Filtrationsprozeß zu überprüfen.

7. *Nomenklatur*

Symbol	Erklärung	Maßeinheit
A	Filterfläche	mm²
b	Verhältnis Kettdraht- zu Schußdrahtdurchmesser (d_K/d_S)	
d_K	Kettdrahtdurchmesser	mm
d_S	Schußdrahtdurchmesser	mm
dTr	Trennteilchengröße	mm
d_0	theoretische Teilchengröße (Ebene 2)	mm
g	Basis eines Porendreieckes (Ebene 3)	mm
h_T	Höhe eines Porendreieckes (Ebene 3)	mm

Nomenklatur (Forts.)

Symbol	Erklärung	Maß-einheit
n_K	Anzahl der Drähte je Kette	—
n_P	Porenanzahl	—
t	Teilungskoordinate	mm
t_1	Korrigierte Teilung $t_1 = t_1' - (n_K - 1)d_K$	mm
t_1'	Teilung $t_1' = \frac{27{,}07\text{ mm}}{\text{Nr. des Gewebes}}$	mm
x	lichte Weite von Schußdraht zu Schußdraht	mm
Z	Korrekturfaktor	

Weitere verwendete Größen s. Abbildungen

8. Literatur

[1] *Müller, G. F.*, und *Jugel, W.:* Chemische Technik **23** (1971), 243—249, 348—352.

[2] *Repp, E.*, und *Berger, W.:* Vortrag zur 9. Diskussionstagung. „Mechanische Flüssigkeitsabtrennung", Magdeburg 1971.

[3] *Carter, C.* u. a.: Jour. AWWA (1962), 606—621.

[4] *Durso, D. F.* Benning, T. C., und Goode, J. R.: The filtrability problem. III. Development of a screen filter. SvenskPapperstidning **70** (1967) 24, 837—845.

[5] *Tittel, R.:* Unveröffentlichter Bericht, TU Dresden, Sektion VVT, 1973.

[6] *Blass, E.:* Geometrische und störungstechnische Untersuchungen an Drahtgeweben. Chemie-Ingenieur-Technik **36** (1964) 7, 747—758.

Eingegangen am 3. August 1973

Umwandlung zweiter Ordnung in Cellulosederivaten

Kamal Aziz und Hakim Grace Shinouda

Chemistry Department, Faculty of Science, Cairo University

DK 517.458.82:678.544:678.546:536.746.536.424.1.081.7:531.731.43

Es wurde die Änderung des spezifischen Volumens mit der Temperatur von Methyl-, Acetyl-, Hydroxyäthyl- und Carboxymethylcellulose sowie Cellulosenitrat bestimmt. Die untersuchten Proben zeigten einen Umwandlungspunkt zweiter Ordnung bei etwa 25 °C.

Стеклование производных целлюлозы

Определено изменение удельного объема в зависимости от температуры на образцах метил-, ацетил-, оксиэтил-, карбоксиметил- и нитроцеллюлозы. Для изученных образцов установлено, что температура стеклования равняется 25 °C.

Second-order Transition in Cellulose Derivatives

Measurements have been made of the variation of the specific volume with the temperature of methyl, acetyl, hydroxyethyl, carboxymethyl cellulose and cellulose nitrate. The samples investigated showed a second-order transition point at about 25 °C.

Einleitung

Thermische Umwandlungen in Cellulose bei etwa 25 °C wurden bereits durch Veränderung des Temperaturkoeffizienten der Sorptionsfähigkeit [1, 2, 3], der Benetzungswärme [4, 5], des spezifischen Volumens [6, 7] und des Brechungsindex [8] angezeigt. Eine andere höhere Umwandlungstemperatur von 80 bis 100 °C ist mit Lignin und Avorycellulose durch thermische Ausdehnungsmessungen bestimmt worden [7]. Celluloseester [9 bis 12], und zwar Celluloseacetate und -butyrate, haben zwei Umwandlungen zweiter Ordnung bei 30 bis 40 °C und bei 105 bis 120 °C gezeigt, wobei nur die höhere Temperatur durch Weichmacher erniedrigt wurde. Es ist wahrscheinlich, daß die thermische Umwandlung von Baumwollcellulose bei ungefähr 25 °C dem bei niedriger Temperatur liegenden Umwandlungspunkt zweiter Ordnung von Celluloseestern entspricht.

Mit regenerierter Cellulose wurde eine deutlichere Umwandlung als mit nativer Cellulose gefunden. Dies weist darauf hin, daß die amorphe Substanz der Cellulose für die thermische Umwandlung bei 25 °C verantwortlich ist.

Die Prüfung des Infrarotspektrums von Cellulosefilmen [13] zeigte die Existenz von zwei Klassen von Wasserstoffbrückenbindungen, die sich stark in dem Anteil, der mit steigender Temperatur gespalten wird, unterscheiden. Die langsam reagierenden Bindungen scheinen alle zu brechen, ehe die Temperatur 60 °C erreicht, und sie sind wahrscheinlich für die Umwandlung bei 25 °C verantwortlich.

Die vorliegende Untersuchung, die sich mit dem Einfluß der Temperatur auf das spezifische Volumen von fünf Cellulosederivaten befaßt, wurde unternommen, um den Einfluß der Substitution im Cellulosemolekül auf seine Umwandlungstemperatur herauszufinden.

Experimentelles

Die Veränderung des scheinbaren spezifischen Volumens der untersuchten Proben mit der Temperatur wurde mittels einer dilatometrischen Methode unter Anwendung von Toluol als Verdrängungsmedium gemessen. Das Dilatometer bestand aus einem Glaskolben von ungefähr 10 ml Inhalt, der mit einem Kapillarrohr von etwa 25 cm Länge und ungefähr 0,2 cm Durchmesser verbunden war. Die Kapillare wurde sehr sorgfältig mittels Quecksilber in kurzen Abständen kalibriert, um irgendwelche Veränderungen in der lichten Weite sichtbar zu machen, wobei mit einem Kathetometer mit 0,01 mm Graduierung gemessen wurde. Die experimentellen Details sind die gleichen wie früher beschrieben [6].

Messungen des spezifischen Volumens wurden mit zwei unterschiedlichen Einwaagen von jedem untersuchten Derivat durchgeführt. Die Differenz zwischen den Mittelwerten der zwei Versuchsreihen mit jeder Einwaage war gewöhnlich kleiner als 0,0002 cm³/g.

Versuchsmaterialien:

Methylcellulose mit 28% Methoxylgruppen,

Celluloseacetat mit 52% Acetatgruppen,

Carboxymethylcellulose mit einem Substitutionsgrad von 0,62,

Hydroxyäthylcellulose — wasserlösliches Präparat,

Cellulosenitrat mit einem Stickstoffgehalt von 6,6% (Mononitrat).

Das verwendete Toluol wurde bestens gereinigt, wobei es aufeinanderfolgend mit konzentrierter Schwefelsäure geschüttelt, mit Wasser gewaschen, über Calciumchlorid getrocknet, filtriert, mit Quecksilber geschüttelt, destilliert und dann über metallischem Natrium in einer verschlossenen Flasche aufbewahrt wurde.

Resultate und Diskussion

Die spezifischen Volumina, die durch Mittelung der Resultate der vier Versuchsreihen von zwei separaten Proben erhalten wurden, sind gegen die Temperatur aufgetragen, in Bild 1 für Methylcellulose, in Bild 2 für Acetylcellulose, in Bild 3 für Carboxymethylcellulose, in Bild 4 für Hydroxyäthylcellulose und in Bild 5 für Cellulosenitrat. Die Werte von jeder Probe werden am besten durch zwei sich schneidende Geraden dargestellt, die eine Umwandlung bei ungefähr 25 °C anzeigen, obwohl die Neigungen der entsprechenden Kurventeile sich voneinander unterscheiden. Die Kurventeile, die bei hoher Temperatur erhalten wurden, sind im allgemeinen steiler als die Kurventeile bei niedriger Temperatur. Die folgende Tabelle 1 enthält von allen untersuchten Substanzen unterhalb und oberhalb der Umwandlungstemperatur die Neigungen der Kurven, die den scheinbaren thermischen Ausdehnungskoeffizienten λ darstellen. Die entsprechenden Werte von Baumwollcellulose und Viskoseseide [6] sind zum Vergleich mit denen der Cellulosederivate mit angegeben.

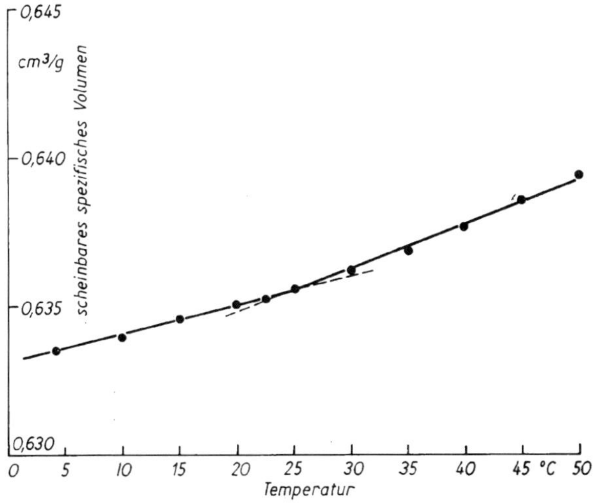

Bild 3. Scheinbares spezifisches Volumen von Carboxymethylcellulose in Abhängigkeit von der Temperatur

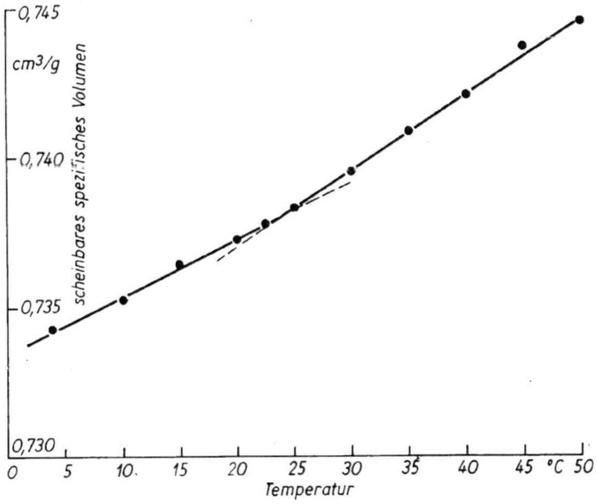

Bild 1. Scheinbares spezifisches Volumen von Methylcellulose in Abhängigkeit von der Temperatur

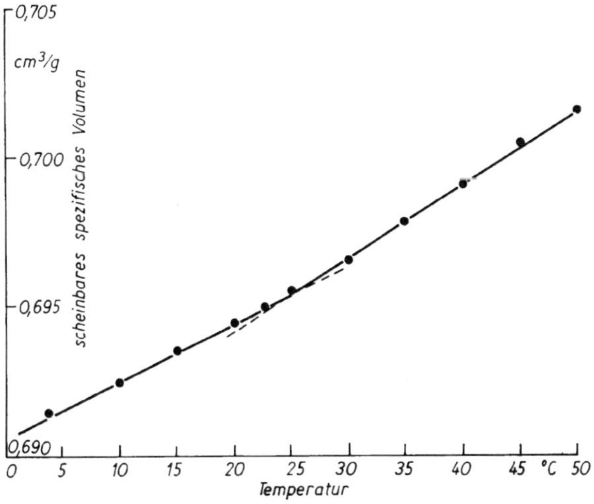

Bild 4. Scheinbares spezifisches Volumen von Hydroxyäthylcellulose in Abhängigkeit von der Temperatur

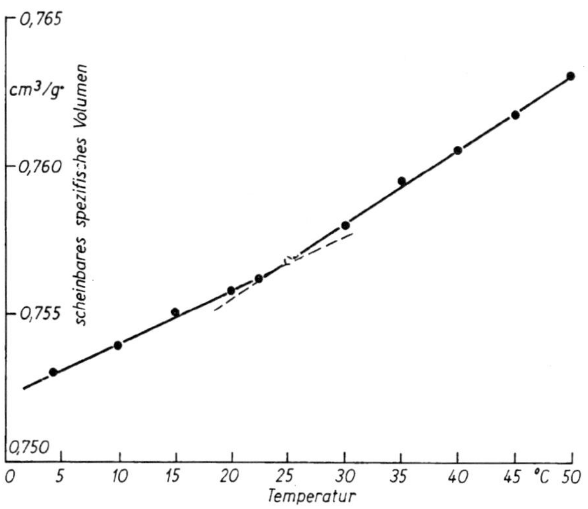

Bild 2. Scheinbares spezifisches Volumen von Acetylcellulose in Abhängigkeit von der Temperatur

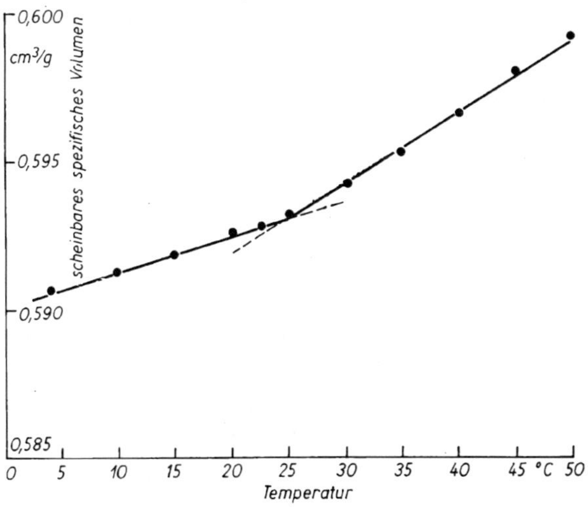

Bild 5. Scheinbares spezifisches Volumen von Cellulosenitrat in Abhängigkeit von der Temperatur

Tabelle 1. Scheinbarer thermischer Ausdehnungskoeffizient $\lambda \cdot 10^5$

Material	nnterhalb der Umwandlungstemperatur	oberhalb der Umwandlungstemperatur
Methylcellulose	19	26
Acetylcellulose	18	24
Carboxymethylcellulose	9	15
Hydroxyäthylcellulose	19	24
Cellulosenitrat	12	23
Baumwollcellulose	6,0	8,1
Viskoseseide	4,8	8,4

Die scheinbare thermische Ausdehnung eines Cellulosematerials hängt vom Ausmaß der Penetration des Auftriebmediums in die amorphe Substanz bei verschiedenen Temperaturen ab. Es gibt zwei Faktoren, die den Wert von λ in entgegengesetzten Richtungen beeinflussen. Die thermische Ausdehnung von Poren, die für die Moleküle des Auftriebsmediums unzugänglich sind, führt zum Ansteigen des Wertes von λ. Andererseits, wenn die Porenweite mit dem Volumen der Flüssigkeitsmoleküle vergleichbar ist, mag die thermische Ausdehnung dieser Poren die Penetration von Flüssigkeit bei hohen Temperaturen erlauben, was zum Verkleinern von λ führt. Es gibt keinen Zweifel, daß eine vergrößerte thermische Ausdehnung der Cellulosesubstanz oberhalb der Umwandlungstemperatur vorhanden ist. Die Werte von λ aller untersuchten Cellulosederivate unterhalb oder oberhalb der Umwandlungstemperatur sind höher als die entsprechenden Werte nativer oder regenerierter Cellulose. Das mag für das durchgreifendere Vermischen von Flüssigkeit und Cellulosemolekülen in diesen Derivaten verantwortlich sein, was die Möglichkeit von erhöhter Penetration der Flüssigkeit mit steigender Temperatur verringert, woraus ein hoher Wert von λ resultiert.

Die Übereinstimmung in der Veränderung des thermischen Ausdehnungskoeffizienten von allen untersuchten Cellulosederivaten bei der gleichen Temperatur von 25 °C, die mit der durch vorhergehende Messungen der Veränderung des spezifischen Volumens, der Sorptionsfähigkeit, der Benetzungswärme und des Brechungsindex mit der Temperatur von Baumwolle, mercerisierter und regenerierter Cellulose übereinstimmt, zeigt ohne Zweifel, daß die Umwandlung in Cellulose eine Eigenschaft der Wasserstoffbrückenbindungen ist. Der Anstieg der Temperatur über den Umwandlungspunkt führt zum Aufbrechen von einigen Wasserstoffbrückenbindungen im trockenen Material, das eine größere Bewegungsfreiheit von einigen OH-Gruppen erlaubt.

Zusammenfassung

Es wurde die Veränderung des spezifischen Volumens von fünf verschiedenen Cellulosederivaten, nämlich Methyl-, Acetyl-, Hydroxyäthyl- und Carboxymethylcellulose sowie Cellulosenitrat mit der Temperatur gemessen. Das Resultat dieser Untersuchung besteht darin, daß bei allen untersuchten Derivaten die Auftragung des scheinbaren spezifischen Volumens gegen die Temperatur eine Umwandlung bei näherungsweise der gleichen Temperatur von ungefähr 25 °C zeigt, obgleich die Neigungen der entsprechenden Kurventeile voneinander verschieden sind. Diese von allen Derivaten gezeigte Umwandlungstemperatur ist praktisch die gleiche, die vorhergehend durch Messungen des spezifischen Volumens, der Sorption, der Benetzungswärme und des Brechungsindex für Baumwollcellulose, mercerisierte Baumwolle und Viskoseseide gefunden wurde. Die Übereinstimmung in der dargelegten thermischen Umwandlung bei ungefähr 25 °C bestätigt die Annahme, daß die Umwandlung in Cellulose eine Eigenschaft der Wasserstoffbrückenbindungen in den zugänglichen Teilen der Cellulose ist. Ein Temperaturanstieg über die Umwandlungstemperatur führt zum Aufbrechen von einigen Wasserstoffbrückenbindungen in den trockenen Materialien, das eine größere Bewegungsfreiheit einiger Hydroxylgruppen erlaubt.

Literatur

[1] *Wahba, M.*, und *Nashed, S.*: Moisture relations of cellulose. III. Sorption hysteresis and the effect of temperature. J. Textile Inst. **48** (1957) S. T1 bis T20.

[2] *Wahba, M.*, *Nashed, S.*, und *Aziz, K.*: Moisture relations of cellulose. IV. The effect of stabilisation of cotton cellulose on its sorptivity at different temperatures, and its bearing on isosteric heats of sorption. J. Textile Inst. **49** (1958) S. T519—T531.

[3] *Simril, V. L.*, und *Smith, S. E.*: Ind. engng. Chem. **34** (1942) S. 226.

[4] *Wahba, M.*, und *Aziz, K.*: Moisture relationse of cllulose. V. Stabilisation of cellulose and the variation of its heat of wetting in vater. J. Textile Inst. **50** (1959) S. T558—T568.

[5] *Wahba, M.*, *Aziz, K.*, und *Apostolides, A. N.*: Moisture relations of cellulose. VII. The heat of wetting of dry viscose rayon and its transition temperature. J. Textile Inst. **53** (1962) S. T318—T325.

[6] *Wahba, M.*, und *Aziz, K.*: Moisture relations of cellulose. VI. The specific volume of cellulose and its transition temperature. J. Textile Inst. **53** (1962) S. T291 bis T307.

[7] *Ramiah, M. V.*, und *Goring, D. I.*: The thermal expansion of cellulose, hemicellulose and lignin. J. Polymer Sci., C: Polymer Symposia (1965) 11, S. 27—47.

[8] *Wahba, M.*: Is the thermal transition of cellulose of the glass type? The refractive index of cellophane. J. Textile Inst. **56** (1965) S. T218—T221.

[9] *Mandelkern, L.*, und *Flory, P. J.*: Melting and glass state transitions in cellulose esters and mixtures with diluents. J. amer. chem. Soc. **73** (1951) S. 3206 bis 3212.

[10] *Nakamura, K.*: Studies on viscoelasticity of cellulose derivate films. Kobunshi Kagaku, Tokyo (I. Chem. High Polymers), Japan **13** (1956) S. 47—53.

[11] *Russell, J.*, und *van Kerpel, R. G.*: Transitions in plasticized and unplasticized cellulose acetate. J. Polymer Sci. **25** (1957) S. 77—96.

[12] *Sharples, A.*, und *Swinton, F. L.*: Second-order transitions in solutions of cellulose triacetate. J. Polymer Sci. **50** (1961) S. 53—64.

[13] *Wahba, M.*: Arkiv Kemi **29** (1968) 32, S. 395.

Eingegangen am 3. August 1973

Faserforschung und Textiltechnik 24 (1973) Heft 12

Qualitative Dünnschichtchromatographie wichtiger Monosaccharide

Siegfried Poller und Achim Unger

Institut für Forstwissenschaften Eberswalde beim Staatlichen Komitee für Forstwirtschaft der DDR

DK 001.814(047):547.455:543.544

In der Arbeit wird anhand der internationalen Literatur eine Übersicht über den Stand der qualitativen Dünnschichtchromatographie der wichtigsten Monosaccharide gegeben.

Качественная тонкослойная хроматография важных моносахаридов

В работе при помощи международной литературы даётся обзор о состоянии качественной тонкослойной фроматографии важнейших моносахаридов

Qualitative thin-layer chromatography of the important monosaccharides

By means of international literature the paper provides a survey of the situation of qualitative thin-layer chromatography of the most important monosaccharides.

1. *Einleitung*

Die Entwicklung der Dünnschichtchromatographie (DC) resultierte überwiegend aus dem Bedürfnis, den Zeit- und Arbeitsaufwand der chromatographischen Verfahren, insbesondere der Papierchromatographie (PC), herabzusetzen. Seitdem im Jahre 1938 *Izmailov* und *Schraiber* [31] den ersten Ansatzpunkt zur Lösung dieser Aufgabe geliefert hatten, ist bis zum heutigen Tage eine enorme Arbeit sowohl zur Perfektionierung der Methodik als auch zur Übertragung des Verfahrens auf alle möglichen Stoffklassen geleistet worden. *Stahl* [83] gebührt das Verdienst, die Dünnschichtchromatographie zu einer anerkannten Laboratoriumsmethode erhoben zu haben. Heute steht eine Reihe von Monographien [11, 72, 78, 83, 84, 91] zur Verfügung, die über die Grundsätze des Verfahrens ausführlich informieren. Speziell zur Dünnschichtchromatographie der Kohlenhydrate liegen Übersichtsartikel von *Cholkin* [14] sowie von *Scherz, Stehlik, Bancher* und *Kaindl* [75] vor.

In der vorliegenden Arbeit soll ein Überblick über die Dünnschichtchromatographie der Monosaccharide Glucose, Mannose, Galaktose, Arabinose und Xylose gegeben werden, deren Charakterisierung besonders für die Holz- und Cellulosechemie von Interesse ist.

DC-Verfahren zeichnen sich durch Einfachheit und große Anwendungsbreite aus. Sie erfordern einen geringen Zeitaufwand, und das Trennergebnis ist oftmals besser als bei der PC. Den Sorptionsschichten kommt neben den Fließmittelsystemen für die Trennleistung der DC eine besondere Bedeutung zu, weshalb sie uns als Gliederungsprinzip dienten.

Kieselgur und Kieselgelschichten präpariert man zur Verbesserung der Trennwirksamkeit häufig mit Pufferlösungen von Natriumacetat, Borsäure und Phosphaten. Die wichtigsten Fließ- und Sprühmittel wurden in den Tabellen 1 und 2 zusammengestellt, auf die sich auch die im Text angegebenen römischen Ziffern und Großbuchstaben beziehen.

2. *Dünnschichtchromatographie auf Kieselgurschichten*

2.1. *Reine Kieselgurschichten*

Kieselgur ist eine amorphe Kieselsäure fossilen Ursprungs, die durch Ablagerung abgestorbener, einzelliger Kieselalgen entstand. Sie besitzt eine Oberfläche von etwa 1 bis 4 m^2/g und ein Porenvolumen von 1 bis 3 cm^3/g. Die Korngröße der handelsüblichen Kieselgursorten liegt unter 60 µm. Gips dient als Bindemittel. Über die Trennung von Zuckern auf ungepufferten Kieselgurschichten wurde von *Tholey* und *Wurtz* [89] (Fließmittel *X*, Sprühreagenz *G*) sowie *Hashmi*, *Chughtai* und *Shahid* [27] berichtet. Letztere erreichten durch Zirkular-DC eine Senkung des Zeitbedarfs je Zuckertrennung auf 2 bis 3 min bei niedriger Erfassungsgrenze.

2.2. *Acetatgepufferte Kieselgurschichten*

Erstmalig benutzten *Stahl* und *Kaltenbach* [82] 1961 acetatgepufferte Kieselgur G-Schichten (*X*, *E*) bei maximalen Zuckerauftragsmengen von 5 µg. Eine scharfe Trennung zwischen Glucose und Galaktose einerseits bzw. Mannose und Fructose andererseits konnte jedoch nicht realisiert werden. Selbst bei Anwendung des Durchlaufverfahrens mit dem mehrfach bewährten System X und B sowie Auftragsmengen von 10 µg blieb die Trennung unvollständig [5]. Dagegen war eine gute Auftrennung von Arabinose und Xylose zu erreichen. *Prey* u. a. [68, 69] verwendeten u. a. das Fließmittel XII, wobei sich besonders bei den Hexosen nach der Keilstreifenmethode gute Resultate erzielen ließen. Eine gemeinsame Trennung der eingangs erwähnten Zucker Glucose, Mannose, Galaktose, Arabinose und Xylose wurde nicht durchgeführt. Auch von *Jako* [33] wurde die Keilstreifenmethode herangezogen. Mit einer PC-Auftrennung erhielt sie jedoch bei gleichem Fließmittel die besseren Resultate.

Bracher und *Bauly* [12] benutzten X und B zur Trennung einer 5%igen Lösung von Fructose, Dextrose, Saccharose und Maltose in Pyridin. *Bell* und *Talukder* [7] (X) trennten Arabinose, Ribose, Xylose und Fucose in Gegenwart anderer Zucker in biologischen Flüssigkeiten.

2.3. *Phosphatgepufferte Kieselgurschichten*

Waldi [94] trug auf phosphatimprägnierten Kieselgur *G*-Schichten bis zu 25 µg Zucker bzw. Zuckeralkohole auf (XVI, N, P). Bei einmaliger Entwicklung und 10 cm Laufstrecke wurde eine gute Trennwirkung erreicht. Die Methode von *Waldi* wandten *de Leenheer* und *van Hauwaert* [17] erfolgreich bei der Zuckerbestimmung im Urin an.

Kringstad [39, 40] bediente sich der Durchlaufmethode nach *Brenner* und *Niederwieser* [13], wobei bis zu 160 µg Zucker aufgetragen wurden. Wie schon bei *Waldi* [94], konnten Arabinose/Mannose-Gemische nicht vollständig getrennt werden.

Durch Anwendung einer Sandwich-Kammer erzielten *Donetzhuber* und *Johansson* [20] bei der Trennung von Galaktose, Glucose, Mannose, Arabinose und Xylose R_F-Wert-Differenzen von mindestens 0,04 Einheiten. Dabei betrug die Auftragsmenge etwa 1,0 µl einer 0,2- bis 0,5%igen Lösung in 70%igem Äthanol. Nach ca. 40 min Entwicklungsdauer (XXIV) wurden die getrennten Zucker mit F sichtbar gemacht. *Talukder* trennte Focose von sieben anderen neutralen Monosacchariden [87].

Tabelle 1. Ausgewählte Fließmittel zur Dünnschichtchromatographie von Zuckern

Nr.	Fließmittel	Zusammensetzung	Ref.
I	Aceton-i-Amylalkohol-Chloroform-Acetatpuffer pH 3,6	5:4:1:1,2	2
II	Aceton-Äthylacetat-Essigsäure-Wasser	50:50:25:5	30
III	Aceton-n-Butanol-Chloroform-Acetatpuffer pH 3,6	5:4:1:1	2
IV	Acetonitril-Schwefelkohlenstoff-Wasser	85:5:10	101
V	Aceton-Wasser	90:10	38, 46
VI	Amylalkohol-Pyridin-Wasser	4:4:1	23
VII	Äthanol-Ammoniak-Lsg. (25%ig)-Wasser	85:0,5:14,5	54
VIII	Äthylacetat-Aceton-Wasser	40:50:10	5, 67
		20:20:3	69
IX	Äthylacetat-Dimethylformamid-Wasser	60:30:5	96
		30:6:2	5, 69
X	Äthylacetat-i-Propanol-Wasser	65:23:12	5, 12, 68, 69, 82, 89, 96
		4:1:0,5	7
		1:7:2	10
		65:23:1 u. 55:30:15	95
		3,5:27:2	97
XI	Äthylacetat-Pyridin-Eisessig-Wasser	5:5:1:3	103
		7:5:1:3	81
XII	Äthylacetat-Pyridin-Wasser	20:13:5	69
		2:1:1	64
		100:35:25	70
		2:1:2-beide Phasen	76
		12:5:4	79
		36:1:11,5	86
		8:2:1	100
XIII	Äthylformiat-Methanol	8:1	50
XIV	Benzol-Eisessig-Methanol	1:1:3	59
		20:60:20	51
XV	n-Butanol-Aceton-Diäthylamin-Wasser	10:10:2:5	64
XVI	n-Butanol-Aceton-Wasser	40:50:10	17, 39, 68, 71, 80, 85, 94
XVII	n-Butanol-Ammoniak-Lsg. (25%ig)-Wasser	16:1:2	8, 74
XVIII	n-Butanol-Äthylacetat-i-Propanol-Essigsäure-Wasser	35:100:60:35:30	44, 45
XIX	n-Butanol-Äthylacetat-Wasser-Methanol	50:30:25:10	36
XX	n-Butanol-Dioxan-Wasser	40:50:10	71
XXI	n-Butanol-Eisessig-Diäthyläther-Wasser	45:30:15:5	28
		9:6:3:1	60
XXII	n-Butanol-Eisessig-Wasser	5:4:1	32
		4:1:1	41
XXIII	n-Butanol-Methanol-Wasser	5:3:1	15, 26
XXIV	n-Butanol-n-Propanol-Aceton-Äthylacetat-Ammoniak-Wasser	7:6:7:4:2:4	20
XXV	n-Butanol-Pyridin-Wasser	10:3:3	8, 74
		90:30:45	23
XXVI	n-Butanol(H_2O-gesättigt)-Trichloräthylen-95%ig.Äthanol	3:1:1	9
XXVII	i-Butanol-Eisessig-Wasser	5:4:1	21
XXVIII	tert.Butanol-Ameisensäure-Methyläthylketon-Wasser	40:15:30:15	16
XXIX	tert. Butanol-Äthylacetat-Wasser	8:12:3	74
XXX	Butanon-(2)-Essigsäure-Methanol	6:2:2	56
XXXI	Chloroform-Essigsäure-Wasser	3:3,5:0,5	18
XXXII	Chloroform-Methanol	60:40	65
		19:5 u. 9:1	104
XXXIII	Methanol-Chloroform-Aceton-konz. Ammoniak	105:33:50:30	65
XXXIV	Methyläthylketon-Eisessig-Methanol	60:20:20	59, 68, 79
XXXV	Phenol(H_2O-gesättigt)-1%ig. Ammoniak		76
XXXVI	n-Propanol-Ameisensäure-Wasser	40:2:10	64
XXXVII	n-Propanol-Ammoniak(25%ig)-Wasser	6:2:1	98
XXXVIII	n-Propanol-Äthylacetat-Wasser	5:1:1	54
XXXIX	n-Propanol-Dimethylsulfoxid-Wasser	8,6:0,5:0,9	21
XL	n-Propanol-Wasser	8,5:1,5	21
		5:5	25
XLI	n-Propanol-Wasser-n-Propylamin	5:3:2	25
XLII	i-Propanol-n-Butanol-Wasser	5:3:2	35
		3:5:2	15, 26
		7:1:2	26
XLIII	i-Propanol-Diisopropyläther-65%ig. Ameisensäure	4:4:3	53
XLIV	Pyridin-Äthylacetat-Eisessig-Wasser	5:5:1:3	102
		40:70:20:25	36
XLV	Toluol-Methyläthylketon	1:1	73

Tabelle 2. Ausgewählte Sprühreagenzien zur Dünnschichtchromatographie von Zuckern

Nr.	Sprühreagenz	Ref.
A	Anilin-Diphenylamin	65,71
B	Anilin-Diphenylamin-Phosphorsäure	5, 8, 12, 19, 38 64, 69, 96, 100
C	Anilin-Phosphorsäure	50, 60, 70
D	Anilinphthalat (+ Phosphorsäure)	8, 19, 36, 41, (53), 59, 67, 74, 98
E	Anisaldehyd-Schwefelsäure	77, 82, 85, 95
F	p-Anisidinphthalat	20, 76, 77
G	Anthron	89
H	Bleitetraacetat	97
I	Gallussäure-Schwefelsäure	103
J	Kaliumpermanganat	28, 80, 104
K	α-Naphthol-Schwefelsäure	30, 36
L	Naphthoresorcin-Phosphorsäure	60, 68, 69, 77
M	Naphthoresorcin-Schwefelsäure	35, 59, 67
N	Natriummetaperjodat-Benzidin	8, 19, 80, 94, 104
O	Schwefelsäure	28
P	Silbernitrat-Natronlauge (ohne NaOH)	2, 69, (94), 102
Q	2,3,5-Triphenyltetrazoliumchlorid	54

3. *Dünnschichtchromatographie auf Kieselgelschichten*

3.1. *Reine Kieselgelschichten*

Silicagel ist ein amorpher, poröser Stoff (spez. Oberfläche: ca. 620 m^2/g, spez. Porenvolumen: 375 ml/g), der industriell durch Umsetzung von Wasserglaslösungen mit Säuren hergestellt wird. Die Korngröße liegt zwischen 0,2 und 0,5 mm.

Weicker und *Brossmer* [98] analysierten Hexosen, Pentosen und Disaccharide (XXXVII, *D*). *Hay, Lewis* und *Smith* [28] erreichten mit XXI die Zerlegung eines Glucose/Mannose/Fructose-Gemisches (0 o. J). Für die Trennung von Raffinose, Lactose, Saccharose, Glucose, Fucose und Rhamnose benutzten *Micheel* und *Berendes* [53] XLIII und *D. Bancher, Scherz* und *Kaindl* [5] erhielten befriedigende Monosaccharidtrennungen mit einer Durchlaufkammer.

Roudier ı73] verglich die R_F-Werte von Pyranosen, die mittels DC und PC (XIV) analysiert wurden. Pentosen, Hexosen, 6-Desoxy- und 4,6-Didesoxyhexosen sowie die entsprechenden Aldonsäurelactose und Zuckeralkohole ließen sich auf nicht aktiviertem Silicagel G mit XXX voneinander trennen [56].

Kamp und *van Oort* [36] analysierten ein aus 11 Zuckern bestehendes Gemisch (XIX und K). Arabinose und Glucose konnten jedoch nicht genügend getrennt werden. Gemische von Glucose, Fructose und Saccharose wurden durch *Voigt* und *Noske* [93] untersucht. *Clermont-Beaugiraud* [15] gelang eine Monosaccharidtrennung mit XXIII und XLII auch nach Zweifachentwicklung nur teilweise.

Whiele und *Horak* [101] vertraten die Ansicht, daß die bis dahin beschriebenen DC-Verfahren die gestellten Anforderungen nicht befriedigen. Mit IV erreichten sie auf Kieselgel-Fertigplatten bzw. Alusil die Auftrennung eines aus Ribose, Arabinose, Xylose, Mannose, Glucose und Lactose bestehenden Zuckergemisches bei viermaliger Entwicklung. Auch Glucose, Mannose und Galaktose konnten mit befriedigendem Ergebnis getrennt werden.

Nach unseren eigenen Untersuchungen [67] ließ sich ein Gemisch aus Xylose, Arabinose, Mannose, Glucose und Galaktose auf Kieselgel *G*- und *D*-Schichten bei Verwendung von 30×20 cm-Platten und zweifacher Entwicklung ausreichend separieren (VIII, L, D). Die Auftragsmenge je Zucker lag bei 2 μg. Die Laufdauer betrug 8 h.

Becker und *Shefner* [6] analysierten die in den Zellwänden von Chlorella pyrenoidosa enthaltenen Kohlenhydrate. Glucose und Arabinose ließen sich nicht vollständig voneinander trennen.

Guilloux und *Beaugiraud* [26] prüften das Verhalten von Glykosiden (XXIII und XLII). Mit der Identifizierung von Monosacchariden, die durch enzymatische oder chemische Hydrolyse von Glykolipiden und Glykoproteinen erhalten wurden, befaßte sich *Gal* [22]. Dabei konnten Galaktose und Glucose ausreichend getrennt werden. Eine DC-Trennung von Mono- und Oligosacchariden bei der Untersuchung von Spaltprodukten der Stärkehydrolyse versuchte *Spitschan* [81] mit XI. Von den Monosacchariden ließen sich Fructose, Glucose und Galaktose in befriedigender Weise trennen.

Sorbit und Glucose wurden in Gegenwart von Mannit Fructose Saccharose und Glycerin mit XVI, J, N zum Nachweis von Fruchtwein im Wein analysiert [80]. Bei Anwendung der zweidimensionalen Technik (XXI, C, L) gelang *Pastuszyn* und *Michl* [60] die Trennung von in Weinen vorkommenden Monosacchariden. *Kleber* und *Kloepfer* [38] publizierten eine Schnellmethode für die Bestimmung von Zuckern in Getränken und Enzymhydrolysaten. Die besten Ergebnisse wurden mit V und B erzielt. Auch *Tateo* [88] befaßte sich mit der Trennung von Zuckern, Zuckeralkoholen und Glycerin bei der Analyse von Nahrungsmitteln und Wein.

3.2. *Borsäureimprägnierte Kieselgelschichten*

Nach *Pastuska* [59] eigneten sich besonders XIV und XXXIV zur Bestimmung von Zuckern. Die Laufzeit betrug bei einer Auftragsmenge von 40 μg Zucker 45 min (D, M). Zuckeranalysen im Urin führten *Käser* und *Masera* [35] durch, wobei sich u. a. Fructose, Galaktose und Glucose innerhalb von 4 h trennen ließen (XLII, M). *Prey, Berbalk* und *Kausz* [68] gelang eine scharfe Trennung von Glucose und Fructose (XVI, XXXIV). *Jacin* und *Miskin* [32] erhielten gute Ergebnisse bei der Separation von Glucose und Galaktose (XXII). Auch eine Trennung der Zuckeralkohole von den korrespondierenden Zuckern wurde realisiert [99]. Die R_F-Werte von Glucose und Mannose unterschieden sich dabei nur geringfügig. *Martins* und *Dick* [51] gelang der Nachweis von Fucose in Gegenwart anderer Zucker (XIV).

Lato u. Mitarb. [44, 45, 47, 52] befaßten sich eingehend mit Kohlenhydrattrennungen. Auf Kieselgel ohne Bindemittel (Fluca DO), gepuffert mit 0,03 M H_3BO_3, wurden sowohl das eindimensionale als auch zweidimensionale Entwicklungsverfahren angewandt und dabei 42 verschiedene Fließmittel getestet [44]. Mit dem zweidimensionalen Verfahren ließ sich auf 35×20 cm-Platten eine gute Trennung der Zucker erreichen. Schwierigkeiten bereitete jedoch die Glucose-Arabinose-Trennung. In einer weiteren Arbeit [45] wurde eine Arbeitsvorschrift zur Analyse von Kohlenhydraten in biologischen Flüssigkeiten veröffentlicht. Mit Fließmittel XVIII betrug der Zeitaufwand bei maximal 4 μg aufgetragenem Zucker 6 bis 7 h.

Jeffrey, Arditti und *Ernst* [34] trennten Di-, Tri- und Tetrasaccharide von Monosacchariden mittels Zweifachentwicklung. Die in den Pollenextrakten verschiedener Grasarten enthaltenen Zucker wurden sowohl in Gegenwart als auch in Abwesenheit des Konservierungsmittels Glycerin von *Shellard* und *Jolliffe* [77, 79] untersucht (XXXIV, E, F, L). Dabei konnten in 11 verschiedenen Pollen Fructose, Glucose und Mesoinosit nachgewiesen werden.

Die im Kakao-Pulver enthaltenen Zucker konnten durch Anwendung der zweidimensionalen Technik erfaßt werden [61].

3.3. Phosphatgepufferte Kieselgelschichten

Nach *Ragazzi* und *Veronese* [71] ließen sich die hier interessierenden Monosaccharide bis auf Mannose und Arabinose bei Auftragsmengen von 1 bis 200 μg recht gut voneinander trennen (XVI und XX, A). *Garofalo* [23] ermittelte die R_F-Werte von Xylose, Fructose, Glucose, Galaktose, Lactose und Saccharose (VI, XXV), ohne daß damit eine ausreichende Trennungsmöglichkeit aufgezeigt werden konnte. Über die Analyse von Zuckern in sauren Hydrolysaten mit vier verschiedenen Lauf- und fünf Sprühmitteln berichtete *Lombard* [49]. *Ovodov* u. a. [58] untersuchten die Wirkung verschiedener Salzlösungen bei der Trennung von Monosacchariden und Oligosacchariden auf Kieselgel KSK in Verbindung mit einer Reihe von Fließmitteln. Die relativ besten Ergebnisse, wobei aber die Mannose/Arabinose-Trennung Schwierigkeiten bereitete, wurden auf mit 0,2 M oder 0,3 M NaH_2PO_4-Lösung imprägnierten Schichten erreicht. Die R_F-Differenzen waren jedoch für eine vollständige Trennung noch zu gering. Von *Vaskovsky* u. a. [92] wurden Monosaccharide über ihre methylierten Methylglycoside identifiziert.

Hotta und *Kurokawa* [29] trennten Fucose und Acetylhexosamine in Gegenwart anderer Zucker durch zweidimensionale DC.

Mit der Zuckertrennung auf mit NaH_2PO_4 und Na_2HPO_4 gepuffertem Kieselgel (Fluka G) bei Verwendung einer großen Anzahl von Fließmitteln befaßten sich *Lato* u. Mitarb. [46]. Während auf imprägnierten Schichten eine zweidimensionale DC nicht durchführbar war, wurden gute eindimensionale Trennungen erzielt. Bei Anwendung von mit 0,2 M NaH_2PO_4-Lösung imprägnierten Schichten konnten Arabinose, Glucose, Galaktose und Mannose innerhalb von 8 h voneinander getrennt werden (V).

Die Separation der Sorbose von je einem der Monosaccharide Glucose, Galaktose, Mannose, Fructose und Xylose wurde mit II und K geprüft [30]. *Welch* und *Martin* [100] erhielten befriedigende Ergebnisse bei der DC von Fructose, Glucose und Saccharose mit XII und B.

3.4. Acetatgepufferte Kieselgelschichten

Pifferi [65] sowie *Lato* u. Mitarb. [46] publizierten eine Reihe von Fließmitteln für acetatgepufferte Schichten. Gute Trennungen sollen XXXII und XXXIII (*A*) bei einer Auftragsmenge von 2 μg je μl ergeben haben [65]. Hinsichtlich eines Ammoniak enthaltenden Fließmittels wurden Bedenken geäußert, weil bestimmte Zucker auf Kieselgel *G*-Schichten unter Bildung von aminierten Produkten reagieren können. Fließmittel XXXI ermöglichte auf Kieselgel *D*-o die Trennung von Xylose, Fructose und Glucose [18].

Washüttl [96] beschrieb eine Methode zur Analyse freier Mono-, Di- und Trisaccharide in Gerstenkörnern. Bei Zweifachentwicklung konnten Glucose, Fructose, Maltose, Saccharose, Raffinose und Glucodifructose nachgewiesen werden (VIII). Zur besseren Trennung von Glucose und Fructose wurden die Zucker mit 70%igem Äthanol aus dem Sorptionsmittel eluiert und mit X und B erneut chromatographiert.

3.5. Sonstige Puffersubstanzen

Eine Imprägnierung mit 0,1 M $NaHSO_3$ schlug *Adachi* [1] vor. Die Monosaccharide konnten aber trotz Anwendung verschiedener Fließ- und Sprühmittel nicht scharf voneinander getrennt werden.

Kieselgel G-Platten, imprägniert mit basischem Bleiacetat, gelangten für die Analyse von Zuckern, Anthocyaninen und Anthocyanidinen zur Anwendung [66].

4. Dünnschichtchromatographie auf Celluloseschichten

Cellulosepulver werden im allgemeinen zur Trennung hydrophiler Stoffe angewandt. Gebräuchlich sind normale und chemisch modifizierte Cellulosepulver mit hydrophilem oder hydrophobem Charakter. Bei den normalen Cellulosepulvern handelt es sich um Fasercellulose und um „mikrokristalline" Cellulose. „Mikrokristalline" Präparate werden durch Hydrolyse hochreiner Cellulose gewonnen. Sie besitzen deshalb einen hohen Reinheitsgrad, so daß sie für quantitative Arbeiten zu empfehlen sind. Die Partikellänge von faserförmigen Cellulosepulvern (z. B. MN 300) liegt im Bereich von etwa 2 bis 20 μm. Für „mikrokristalline" Cellulose (z. B. „Avicel") differiert die Korngröße zwischen 20 und 40 μm.

Cellulosepulver MN 300 wurde von *Schweiger* [76] in einer 250 μm starken Schicht 10 min bei 100 °C aktiviert. Bei einer Auftragsmenge von 1,25 μg für die Pentosen und 2,5 μg für die übrigen Zucker konnten innerhalb von 4 h durch zweimaliges Chromatographieren (XII, F) Galaktose, Mannose, Xylose, Glucose und Arabinose getrennt werden. Mannose und Arabinose lagen zwar dicht zusammen, ließen sich aber durch Rechromatographie (XXXV) separieren. Mit 10 verschiedenen Fließmitteln und den Sprühreagenzien B, D, N versuchten *Djatlovitzkaja* u. a. [19] die Trennung u. a. von Lactose, Galaktose, Glucose, Mannose und Ribose (Nachweisgrenze: 0,5—2 μg). *Bergelson* u. Mitarb. [8] erhielten bei Anwendung der Keilstreifenmethode mit XVII, XXV und D relativ gute Trennergebnisse bei verschiedenen Monosaccharidgemischen.

Lamkin, *Ward* und *Walborg jr.* [43] veröffentlichten eine Methode zur Mikrobestimmung (0 bis 6 μg) von Fucose-, Galaktose- und Mannoseresten in Glykoproteinen und -peptiden. *Samulenko* [74] führte eine DC-Bestimmung von Zuckern (Glucose, Fructose, Saccharose u. a.) in Pflanzenmaterialien durch (XVII, XXV, XXIX, D). Auch Pollenextrakte wurden auf Cellulose getrennt [77]. *Tomoda* [90] erreichte mit verschiedenen Fließmitteln nur geringe R_F-Differenzen zwischen den einzelnen Monosacchariden.

Bei tiefen Temperaturen (—18°C) konnten einzelne Monosaccharide auf Cellulose-D-Schichten in zwei Flecken getrennt werden, die speziellen Formen dieser Zucker zugeordnet wurden [4]. *Suchy* und *Rada* [86] führten eine DC von Zuckern und organischen Säuren im Zentrifugalfeld innerhalb von 9 bis 15 min durch, wobei sich XII als besonders geeignet erwies. In Glykoproteinen enthaltene Galaktose und Mannose wurde nach hydrolytischer Abspaltung mit HCl auf Cellulose MN 300 separiert [57].

Neben der Trennung von Gemischen einfacher Monosaccharide auf Kieselgel G (vgl. Abschn. 3) wurde von *Kamp* und *van Oort* [36] auch eine Separation auf Cellulosepulver (Camag) durchgeführt, wobei Arabinose und Mannose teilweise überlappten (XLIV, D).

Berger und *Borodkin* [10] publizierten eine neue Variante der Zuckertrennung mit Cellulose als Adsorbens (X). In einer weiteren Arbeit [9] wurde Cellulose MN 300 für die Trennung einfacher Zucker in Gegenwart großer Mengen Saccharose benutzt. Mit XXVI konnte ein aus Galaktose, Glucose, Fructose, Raffinose und Saccharose bestehendes Zuckergemisch in 19 h getrennt werden. Eine Identifizierung von freien Kohlenhydraten in Graspollen war mit XII möglich [79]. *Petrović* und *Canić* [64] verwendeten Cellulose MN 300 für die eindimensionale Trennung eines Gemisches von 9 Kohlenhydraten (Oligosaccharide, Aldohexosen, Pentosen) (XII, XV, XXXVI, *B*). Für die Analyse von 18 Kohlenhydraten wurde das zweidimensionale Verfahren angewandt.

Die mit Fließmittel XI auf Celluloseschichten getrennten Zucker wurden von *Yamazoe* [103] mit Sprühreagenz I sichtbar gemacht.

Nagasawa u. a. [55] publizierten eine Untersuchung über die Farbreaktionen von Zuckern mit wäßriger $HClO_4$ und deren Anwendbarkeit zum Nachweis der Zucker auf Celluloseschichten. *Raadsveld* und *Klomp* [70] trennten mit gutem Erfolg Lactose, Maltose, Saccharose, Galaktose, Glucose, Mannose, Arabinose, Xylose und Rhamnose auf Cellulosepulver MN 300 (XII). Es wurde jeweils nach Zwischentrocknung 3- bis 4mal entwickelt und zur Sichtbarmachung mit Reagenz *C* besprüht. Mannose und Fructose konnten auf die angegebene Weise nicht getrennt werden.

Damonte u. a. [16] erreichten auf Cellulose MN 300 bei der Identifizierung von Mono- und Oligosacchariden mit XXVIII und Dreifachentwicklung eine zufriedenstellende Trennung der Monosaccharide. Durch Mehrfachdedektion wurde eine bessere Unterscheidung der Zucker bewirkt. *Wolfrom* u. a. [102] arbeiteten über Zuckertrennungen auf „Avicel"-Schichten mit unterschiedlichen Fließmitteln. XLIV (P) ergab die relativ besten Resultate. Insgesamt war die Trennleistung noch ungenügend.

Speziell mit der Trennung von Pentosen auf mikrokristalliner Cellulose befaßten sich *Linek* u. a. [48].

5. *Dünnschichtchromatographie auf sonstigen Schichten*

Anderson und *Stoddart* [3] testeten sogenannte „Chromagram"-Platten, die mit Polycarbonaten bzw. Silicagel beschichtet waren. Auch *Petek* und *Eberhard* [63] benutzten Polycarbonat-Platten (Kodak K-511 V). Nach *Moczar* u. a. [54] ließen sich Glykopeptidhydrolysate auf Eastman Kodak 511 V-Blättern, imprägniert mit Phosphatpuffer, mit VII und XXXVIII (Q) trennen.

Eine Methode zur Bestimmung von Zuckern und Zuckeralkoholen auf Magnesiumsilicatschichten beschrieb *Grasshof* [24, 25]. Mit den Systemen XL und XLI und geeigneten Sprühmitteln konnte festgestellt werden, ob eine Aldose oder Ketose bzw. ein nichtreduzierender Zucker oder Zuckeralkohol vorlag [25]. Es ließen sich nur Verbindungen separieren, die verschiedenen Stoffgruppen angehörten (z. B. Glucose und Saccharose, Mannose und Mannit). Zur Trennung der Monosaccharide erwies sich die Methode als ungeeignet. Die Verwendung von Calciumsilicatschichten wurde von *Per Tore* [62] beschrieben.

Ždanov u. a. [104] versuchten eine Zuckertrennung auf Gips (XXXII, J, N).

Affonso [2] gelang eine Zerlegung von Zuckergemischen mit I und III innerhalb weniger Minuten (P).

Polyamidschichten (XIII, C) benutzte *Marais* [50]. Die Trennung basierte auf der reversiblen Bildung von Wasserstoffbindungen zwischen den Amidbindungen des Polymeren und der Zucker. Glucose/Galaktose/Mannose einerseits und Arabinose/Xylose andererseits konnten nach dieser Methode nicht getrennt werden.

6. *Dünnschichtchromatographie auf Mischschichten*

6.1. *Mischschichten aus Kieselgur/Kieselgel*

Prey, *Scherz* und *Bancher* [69] verwendeten Schichten aus Kieselgur/Kieselgel mit einem optimalen Mischungsverhältnis von 2:1 bis 4:1 zur Analyse von Zuckern (VIII, IX, B, L, P). *Wassermann* und *Hanus* [97] trennten Zucker und Zuckeralkohole ebenfalls auf Kieselgur/Kieselgel-Schichten (60:40) mit teilweise recht guten Ergebnissen (X, H). Eine reine Monosaccharidtrennung wurde nicht vorgenommen. *Figge* [21] analysierte komplexe Zuckergemische (bis zu 14 Mono- und Disaccharide) auf boratimprägnierten Kieselgur G/Silicagel G-Schichten mittels zweidimensionaler DC. Die Trennung erfolgte in der ersten Richtung mit XXVII und nach Zwischentrocknung in dazu senkrechter Richtung mit XXXIX oder XL.

Zur zweidimensionalen Trennung von Monosacchariden benutzten *Berger* und *Borodkin* [10] auf ein und derselben Platte nebeneinanderliegende Kieselgur- und Kieselgelschichten.

6.2. *Mischschichten aus Kieselgel/Aluminiumoxid*

Mit der Bestimmung von Kohlenhydraten mittels PC und DC und ihrer statistischen Auswertung beschäftigten sich *Krzeczkowska*, *Burzynski* und *Czerniak* [41, 42]. Zur Trennung von Glucose, Galaktose, Ribose, Xylose, Saccharose und Lactose wurden mit Kieselgel G/Al_2O_3 (1:1) beschichtete Platten verwendet (XXII, *D*).

6.3. *Mischschichten mit Gips*

Ein Gemisch aus gleichen Teilen „Celit" und $CaSO_4$, gepuffert mit Natriumacetat, benutzten *Walker*, *Ricci* und *Goodvin* [95] zur Analyse von Zuckerrübenextrakten. Nach Zweifachentwicklung wurden Fructose, Glucose, Saccharose, Raffinose und Galaktinol getrennt (X, E). Die optimale Auftragsmenge je Zucker betrug 0,5 bis 3,0 µg.

Stroh und *Schüler* [85] befaßten sich mit der Trennung von Monosacchariden und ihrer Phenylhydrazone mit XVI und E auf Schichten von Al_2O_3(„sauer")/Gips (4:1).

7. *Schlußfolgerungen*

Überschaut man die ausgewerteten Arbeiten im Hinblick auf die bei der Trennung der Hexosen Glucose, Mannose, Galaktose und Fructose sowie der Pentosen Xylose und Arabinose erreichten Ergebnisse, so ist festzustellen, daß bei einfacheren Mischungen relativ gute Resultate erzielt wurden. Schwierigkeiten treten noch bei komplizierteren Stoffgemischen auf. Hier konnten befriedigende Trennungen erst nach Erhöhung der Laufzeiten, Verringerung der Konzentration und durch Anwendung spezieller Techniken erreicht werden. Diese Schwierigkeiten dürften auf die geringen Unterschiede im chemischen Bau der Zucker zurückzuführen sein. Für eine quantitative Bestimmung der Zucker ist jedoch die scharfe Trennung der einzelnen Komponenten des Stoffgemisches unumgänglich. Eine Auswahl der relativ günstigsten Trennergebnisse bei der Analyse eines aus Xylose, Arabinose, Glucose, Mannose und Galaktose bestehenden Zuckergemisches zeigt Tabelle 3. Darüber hinaus wurden gute Trennergebnisse bei Abwesenheit von Galaktose im Durchlaufverfahren mit ungepuffertem Kieselgel G und Laufmittel VIII bzw. IX erzielt [5]. Die aus der

Tabelle 3. Ausgewählte hR_F- *bzw.* $hR_{Xyl(Glu)}$-*Werte*) von Monosacchariden*

Trägerschicht	Kieselgur	Kieselgel			Cellulosepulver
Puffersubst.	Phosphat pH 5	–	0,03 M H_3BO_3	0,2 M NaH_2PO_4	–
Fließmittel (Ref.)	XXIV (20)	IV (101)	XVIII (44)	V (46)	XII (70)
Xylose	70	100	50	67	155
Arabinose	60	77	43	33	131
Mannose	53	46	54	63	115
Glucose	43	37	37	24	100
Galaktose	38	30	33	16	83

*) hR_F-Wert: R_F-Wert ×100
$hR_{Xyl(Glu)}$-Wert: Auf Xylose (Glucose) bezogener und mit 100 multiplizierter R_F-Wert

Anwesenheit von Galaktose resultierenden Schwierigkeiten konnten durch eine Abwandlung der Methode von uns behoben werden, so daß nunmehr die DC-Trennung aller 5 Zucker in einer auch für die Bedürfnisse der quantitativen Bestimmung ausreichenden Qualität möglich ist.

8. Literatur

[1] *Adachi, S.*: Thin-layer chromatography of carbohydrates in the presence of bisulfite. J. Chromatogr. **17** (1965) S. 295—299.

[2] *Affonso, A.*: Chromatography of sugars on plaster of Paris. J. Chromatogr. **27** (1967) S. 324—326.

[3] *Anderson, D. M. W.*, und *Stoddart, J. F.*: Zuckertrennungen auf „Chromagram"-Platten. Carbohydrate Res. **1** (1963) S. 417—418; C. **139** (1968) 23, S. 2193.

[4] *Avigad, G.*, und *Bauer, S.*: Partition of sugars by thin-layer chromatography at low temperatures. Carbohydrate Res. **5** (1967) S. 417—425.

[5] *Bancher, E.*, *Scherz, H.*, und *Kaindl, K.*: Dünnschichtchromatographische Trennung und Bestimmung von Kohlenhydraten. I. Mikrochim. Acta (1964) S. 652 bis 659.

[6] *Becker, M. J.*, und *Shefner, A. M.*: Thin-layer and paper chromatographic analyses of the carbohydrates in the cell wall of Chlorella pyrenoidosa 7-11-05. Nature, London **202** (1964) S. 803—804.

[7] *Bell, D. J.*, und *Talukder, M. Q.-K.*: Thin-layer quantitative chromatography of arabinose, ribose and xylose in the presence of other sugars. J. Chromatogr. **49** (1970) S. 469—472.

[8] *Bergelson, L. D.*, *Djatlovitzkaja, E. V.*, und *Voronkova, V. V.*: Absteigende Dünnschichtchromatographie der Polyhydroxyverbindungen. Doklady Akad. Nauk SSSR **149** (1963) S. 1319—1321; C. **136** (1965) 43, 2097.

[9] *Berger, P. D.*, und *Agate, A. S.*: Thin-layer chromatography of simple sugars in the presence of large quantities of sucrose. J. Chromatogr. **39** (1969) S. 232—234.

[10] *Berger, P. D.*, und *Borodkin, S. E.*: The application of thin-layer chromatography to the separation of carbohydrates in sugar refining. Intern. Sugar J. **69** (1967) S. 3—7.

[11] *Bobbit, J. M.*: Thin-layer chromatography. London: Reinhold, Publishing Corp. 1962.

[12] *Bracher, C.*, und *Bauly, L. E.*: Dünnschichtchromatographie von handelsüblichen Zuckern. Food Manufact. **40** (1965) S. 38—39; C. **138** (1967) 17, 2044.

[13] *Brenner, M.*, und *Niederwieser, A.*: Durchlaufende Dünnschicht-Chromatographie. Exper. **17** (1961) S. 237—238.

[14] *Cholkin, Ju. I.*: Chromatographie in der Holzchemie. Moskva: Verl. Holzindustrie 1968, S. 72—79.

[15] *Clermont-Beaugiraud, S.*: Chromatographie sur couche mince des oses et oligosaccharides. Qualitas Plant. Mater Vegetabiles **16** (1968) S. 92—101.

[16] *Damonte, A.*, *Lombard, A.*, *Tourn, M. L.*, und *Cassone, M. C.*: A modified solvent system and multiple detection technique for the separation and identification of mono- and oligosaccharides on cellulose thin-layers. J. Chromatogr. **60** (1971) S. 203—211.

[17] *De Leenheer, A.*, und *van Hauwaert, M.*: Kwalitatieve identifikatie van suikers in urine door dunnelaagchromatografie. Pharm. Tijdschr. Belg. **43** (1966) S. 97—103.

[18] *De Stefanis, V. A.*, und *Ponte, J. G., jr.*: Separation of sugars by thin-layer chromatography. J. Chromatogr. **34** (1968) S. 116—120.

[19] *Djatlovitzkaja, E. V.*, *Voronkova, V. V.*, und *Bergelson, L. D.*: Dünnschichtchromatographie von Polyhydroxyverbindungen auf Cellulose. Doklady Akad. Nauk SSSR **145** (1962) S. 325—327; C. **136** (1965) 7/8, 2035.

[20] *Donetzhuber, A.*, und *Johansson, K.*: Separation of some mono-saccharides by thin-layer chromatography. Svensk Papperstid. **72** (1969) S. 346—347.

[21] *Figge, K.*: Zweidimensionale Dünnschichtchromatographie von Zuckern. Exper. **22** (1966) S. 767—771; C. **138** (1967) 34, 2112.

[22] *Gal, A. E.*: Separation and identification of monosaccharides from biological materials by thin-layer chromatography. Anal. Biochem. **24** (1968) S. 452—461.

[23] *Garofalo, E.*: La separazione degli zuccheri su nouvi mezzi cromatografici: fogei in microfibre di vetro per cromatografia su strato sottile (Instant thin layer chromatography). Minerva Pediat. **18** (1966) S. 1424—1427.

[24] *Grasshof, H.*: Dünnschicht-Chromatographie von Zuckern und anderen Polyhydroxy-Verbindungen auf Magnesiumsilikat. Dt. Apotheker-Ztg. **103** (1963) S. 1396—1397.

[25] *Grasshof, H.*: Dünnschicht-chromatographische Bestimmungen von Zuckern und Zuckeralkoholen auf Magnesiumsilikat. J. Chromatogr. **14** (1964) S. 513 bis 515.

[26] *Guilloux, E.*, und *Beaugiraud, S.*: Dünnschichtchromatographie von Monosacchariden und Oligosacchariden. Bull. Soc. Chim. France (1965) S. 259—262; C. **138** (1967) 4, 1954.

[27] *Hashmi, M. H.*, *Chughtai, N. A.*, und *Shahid, M. A.*: Identification of sugars by circular thin-layer chromatography. Mikrochim. Acta (1968), S. 679—682.

[28] *Hay, G. W.*, *Lewis, B. A.*, und *Smith, F.*: Thin-film chromatography in the study of carbohydrates. J. Chromatogr. **11** (1963) S. 479—486.

[29] *Hotta, K.*, und *Kurokawa, M.*: Separation of fucose and acetylhexosamines by two-dimensional thin-layer chromatography. Anal. Biochem. **26** (1968) S.472—474.

[30] *Igloy, M.*, und *Mizsu, A.*: Quantitative Analyse von Sorbose in Gegenwart einiger häufig vorkommender Monosaccharide durch Dünnschicht-Chromatographie. J. Chromatogr. **46** (1970) S. 207—210; Z. anal. Chemie **255** (1971) S. 176.

[31] *Izmailov, N. A.* und *Schraiber, M. S.*: Tropfenchromatographische Analysenmethode und Anwendung in der Pharmazie. Farmatzija, Moskva **3** (1938) S. 1 ff.

[32] *Jacin, H.*, und *Mishkin, A. R.*: Separation of carbohydrates on borateimpregnated silica gel G plates. J. Chromatogr. **18** (1965) S. 170—173.

[33] *Jako, N.*: Az ékesik módszer alkalmazása a cukrok papir-és vékonyseteg-kromatográfiájában. (Anwendung der Keilstreifenmethode bei der Papier- und Dünnschichtchromatographie von Zuckern). Élelmiszervizsgálati Közlemények (Lebensmittel-analyt. Mitt.) **13** (1967) S. 167—169.

[34] *Jeffrey, D. C.*, *Arditti, J.*, und *Ernst, R.*: . Chromatogr. **45** (1969) S. 475 ff. Analytic. Chem. **42** (1970) S. 355 R.

[35] *Käser, H.*, und *Masera, G.*: Zur dünnschichtchromatographischen Trennung einiger einfacher, klinisch wichtiger Zucker in biologischem Material. Schweiz. Med. Wochenschr. **94** (1964) S. 158—160.

[36] *Kamp, W.*, und *van Oort, A.*: Separation and identification of some carbohydrates by thin-layer chromatography. Pharm. Weekblad **102** (1967) S. 1295—1301.

[37] *Kartnig, Th.*, und *Wegschaider, O.*: Eine Möglichkeit zur Identifizierung von Zuckern aus kleinsten Mengen von Glykosiden oder aus Zuckergemischen. J. Chromatogr. **61** (1971) S. 375—377.

[38] *Kleber, W.*, und *Kloepfer, J.*: Die Dünnschichtchromatographie als Schnellmethode zur qualitativen Zuckerbestimmung in Würze, Bier, alkoholischen Getränken und enzymatischen Hydrolysaten. Brauwissenschaft **21** (1968) S. 81—85.

[39] *Kringstad, K.*: Ein System für die Dünnschichtchromatographie von Kohlenhydraten. Acta Chem. Scand. **18** (1964) S. 2399.

[40] *Kringstad, K.*: Direct densitometry of thin-layer chromatograms of some carbohydrates. Norsk Skogind. **21** (1967) S. 210—219.

[41] *Krzeczkowska, I.*, *Burzyński, S.*, und *Czerniak, Z.*: Bestimmung von Kohlenhydraten und ihre statistische Auswertung. 1. Mitt. Unter verschiedenen Bedingungen durch Papier- und Dünnschichtchromatographie erhaltene Ergebnisse. Chem. analit. **13** (1968) S. 1221—1228; C. **140** (1969) 32, 1605.

[42] *Krzeczkowska, I.*, *Czerniak, Z.*, und *Burzyński, S.*: Bestimmung von Kohlenhydraten und ihre statistische Auswertung. 2. Mitt. Varianzanalyse zur

vierfachen Klassifizierung und Vertrauensbereiche nach *Tukey*. Chem. analit. **13** (1968) S. 1229—1238č C. **140** (1969) 32, 1606.

[43] *Lamkin, W. M., Ward, D. N.*, und *Walborg, E. F., jr.*: Quantitative dünnschichtchromatographische Bestimmung von Rückständen neutraler Monosaccharide in Glykoproteinen und Glykopeptiden. Analyt. Biochem. **17** (1966) S. 485—494; C. **138** (1967) 46, 1940.

[44] *Lato, M., Brunelli, B., Ciuffini, G.*, und *Mezzetti, T.*: Bidimensional thin-layer chromatography of carbohydrates an silica gel impregnated with boric acid. J. Chromatogr. **34** (1968) S. 26—34.

[45] *Lato, M., Brunelli, B., Ciuffini, G.*, und *Mezzetti, T.*: Analysis of carbohydrates in biological fluids by means of thin-layer chromatography. J. Chromatogr. **36** (1968) S. 191—197.

[46] *Lato, M., Brunelli, B., Ciuffini, G.*, und *Mezzetti, T.*: Thin-layer chromatography of carbohydrates on silica gel impregnated with sodium acetate, monosodium phosphate and disodium phosphate. J. Chromatogr. **39** (1969) S. 407—417.

[47] *Lato, M., Brunelli, B., Mezzetti, T., Leone, P.*, und *Ciuffini, G.*: Separation of carbohydrates by thin-layer chromatography on silica gel. Quad. Nutr. **28** (1969) S. 89—108; C. A. **72** (1970), 129 263d.

[48] *Linek, K., Kuniak, L.*, und *Alinče, B.*: Chromatographie von Pentosen auf mikrokristalliner Cellulose. Chem. Zvesti **21** (1967) S. 99—103; C. **140** (1969) 26, 1658.

[49] *Lombard, A.*: Thin-layer chromatography on buffered silica gel in the analysis of sugars in acid hydrolysates. J. Chromatogr. **26** (1967) S. 283—286.

[50] *Marais, J. P.*: Bestimmung von Zuckern auf Polyamid-Schichten. J. Chromatogr. **27** (1967) S. 321—323.

[51] *Martins, P. M.*, und *Dick, Y. P.*: Neue dünnschichtchromatographische Methode für Fucose; spezifische Methode zur Identifizierung von Zuckern. J. Chromatogr. **32** (1968) S. 188—190; C. **140** (1969) 18, 1654.

[52] *Mezzetti, T., Ghebregziabhier, M., Rufini, S., Ciuffini, G.*, und *Lato, M.*: Coupled layers: a new technique for the two-dimensional thin-layer chromatography of carbohydrates. J. Chromatogr. **74** (1972) S. 273—298.

[53] *Micheel, F.*, und *Berendes, O.*: Trennung von Zuckern und ihren Derivaten durch Papier- und Dünnschichtchromatographie. Mikrochim. Acta (1963) S. 519—524.

[54] *Moczar, E., Moczar, M., Schillinger, G.*, und *Robert, L.*: Schnelle Mikrobestimmung von neutralen Zuckern und Aminozuckern in Glykopeptiden durch Dünnschichtchromatographie. J. Chromatogr. **31** (1967) S. 561 bis 564; C. **140** (1969) 33, 1558.

[55] *Nagasawa, K., Ogamo, A., Harada, H.*, und *Kumagai, K.*: Nachweis von Zuckern und Zuckerderivaten auf Cellulosedünnschichten mit Perchlorsäure. Analytic. Chem. **42** (1970) S. 1436—1438; Z. anal. Chemie **254** (1971) S. 395.

[56] *Němec, J., Kefurt, K.*, und *Jary, J.*: Dünnschichtchromatographie von Aldonsäurelactonen, Aldosen und Alditen. J. Chromatogr. **26** (1967) S. 116—120; C. **140** (1969) 30, 1523.

[57] *Nicot, C., Cheftel, R.-I.*, und *Moretti, J.*: Dünnschichtchromatographische Bestimmung des molaren Verhältnisses von Galaktose/Mannose in Glykoproteinen. J. Chromatogr. **31** (1967) S. 565—568; C. **140** (1969) 31, 1731.

[58] *Ovodov, Yu. S., Evtushenko, E. V., Vaskovsky, V. E., Ovodova, R. G.*, und *Solov'eva, T. F.*: Thin-layer chromatography of carbohydrates. J. Chromatogr. **26** (1967) S. 111—115.

[59] *Pastuska, G.*: Untersuchungen über die qualitative und quantitative Bestimmung der Zucker mit Hilfe der Kieselgelschicht-Chromatographie. II. Mitteilung. Z. analyt. Chemie **179** (1961) S. 427—429.

[60] *Pastuszyn, A.*, und *Michl, H.*: Über die Dünnschichtchromatographie von Kohlenhydraten. Mitt. V. St. **20** (1966) S. 1—4.

[61] *Pasupathy, C. V.*, und *Wijesekera, R. O. B.*: Examination of sugars in cocoa powder by twodimensional thin-layer chromatography. J. Chromatogr. **35** (1968) S. 117—118.

[62] *Per Tore, J.*: Chromatographie de sucres sur couche minces de silicate de calcium. J. Chromatogr. **12** (1963) S. 413—415.

[63] *Petek, F.*, und *Eberhard, R.*: Identification simple et rapide des sucres urinaires par chromatographie sur couche mince. Clin. chim. Acta **21** (1968) S. 293—294.

[64] *Petrović, S. M.*, und *Canić, V. D.*: Trennung von Kohlenhydraten durch Dünnschichtchromatographie. Mikrochim. Acta (1969) S. 599—604; C. **140** (1969) 33, 1539.

[65] *Pifferi, P. G.*: Improved thin-layer chromatographic separation of hexoses and pentoses using Kieselgel G. Analytic. Chem. **37** (1965) S. 925.

[66] *Pifferi, P. G.*: Thin-layer chromatography of sugars, anthocyanins and anthocyanidins on Kieselgel G impregnated with basic lead acetate. J. Chromatogr. **43** (1969) S. 530—536.

[67] *Poller, S.*, und *Unger, A.*: Dünnschichtchromatographie von Monosacchariden auf Kieselgelschichten (in Vorbereitung).

[68] *Prey, V., Berbalk, H.*, und *Kausz, M.*: Beiträge zur Chromatographie organischer Substanzen. VI. Die Dünnschichtchromatographie der Kohlenhydrate. Mikrochim. Acta (1961) S. 968—978.

[69] *Prey, V., Scherz, H.*, und *Bancher, E.*: Beiträge zur Chromatographie organischer Substanzen. VIII. Die Dünnschichtchromatographie von Kohlenhydraten. Mikrochim. Acta (1963) S. 567—577.

[70] *Raadsveld, C. W.*, und *Klomp, H.*: Thin-layer chromatographic analysis of sugar mixtures. J. Chromatogr. **57** (1971) S. 99—106.

[71] *Ragazzi, E.*, und *Veronese, G.*: Cromatografia di zuccheri su strato sottile di acido silico. Farmaco (Pavia) Ed. Pr. XVIII (1963) S. 152—160.

[72] *Randerath, K.*: Thin-layer chromatography. 2. Aufl. Verl. Chemie and Academic Press 1966.

[73] *Roudier, A.*: Verteilungschromatographie methylierter Monosaccharide auf dünnen Kieselschichten. Vergleich mit papierchromatographischen Methoden. Bull Soc. Chim. France (1965) S. 271—273; C. **138** (1967) 4, 1951.

[74] *Samujlenko, A. I.*: Quantitative dünnschichtchromatographische Bestimmung von Kohlenhydraten in Pflanzenmaterial. Doklady Akad. Nauk Beloruss. SSR **10** (1966) S. 115—116; C. **139** (1968) 31, 2173.

[75] *Scherz, H., Stehlik, G., Bancher, E.*, und *Kaindl, K.*: Dünnschichtchromatographie der Kohlenhydrate. Chromatog. Rev. **10** (1968) S. 1—17.

[76] *Schweiger, A.*: Trennung einfacher Zucker auf Cellulose-Schichten. J. Chromatogr. **9** (1962) S. 374—376.

[77] *Shellard, E. J.*, und *Jolliffe, G. H.*: The effect of glycerol on the rate of movement of simple sugars on silica gel and cellulose thin layers. J. Chromatogr. **24** (1966) S. 76—83.

[78] *Shellard, E. J.*: Quantitative paper and thin-layer chromatography. London und New York; Academic Press, 1968.

[79] *Shellard, E. J.*, und *Jolliffe, G. H.*: Identifizierung freier Kohlenhydrate in den Pollen einzelner Grasarten. J. Chromatogr. **40** (1969) S. 458—462; C. **140** (1969) 51/52, 1698.

[80] *Siegers, J.*: Trennung von Sorbit und Glucose mit Hilfe der Dünnschichtchromatographie und ihre Anwendung zum Nachweis von Fruchtwein im Wein. J. Chem. Weekbl. **61** (1965) S. 280—281; C. **138** (1967) 27, 2131.

[81] *Spitschan, R.*: Eine verbesserte Methode zur dünnschichtchromatographischen Trennung von Mono- und Oligosacchariden. J. Chromatogr. **61** (1971) S. 169—172

[82] *Stahl, E.*, und *Kaltenbach, U.*: Dünnschicht-Chromatographie. VI. Mitt. Spurenanalyse von Zuckergemischen auf Kieselgur G-Schichten. J. Chromatogr. **5** (1961) S. 351—355.

[83] *Stahl, E.*: Handbuch der Dünnschichtchromatographie. Berlin/Göttingen/Heidelberg: Springer 1962.

[84] *Stahl, E.*: Dünnschichtchromatographie: Ein Laboratoriumshandbuch. 2. Aufl. Berlin/Heidelberg/New York: Springer 1967.

[85] *Stroh, H.-H.*, und *Schüler, W.*: Dünnschichtchromatographie von Zuckern und Zuckerphenylhydrazonen. Z. Chemie **5** (1964) S. 188.

[86] *Suchy, V.*, und *Rada, K.*: Dünnschichtchromatographie im Zentrifugalfeld. Saccharide und organische Säuren. Ceskoslov. Farmac. **16** (1967) S. 340—342; C. **140** (1969) 31, 1711.

[87] *Talukder, M. Q.-K.*: A rapid quantitative thin-layer chromatographic separation of fucose from other neutral monosaccharides. An application to separate other sugars of physiological interest. J. Chromatogr. **57** (1971) S. 391—395.

[88] *Tadeo, F.*: Detection of mannitol, glycerol, glucose and maltose by thin-layer chromatography. Sci. Aliment. (1970) S. 189—190; C. A. **73** (1970) 119288 x.

[89] *Tholey, G.*, und *Wurtz, B.*: Bestimmung eines Gemisches von Glucose und Maltose durch Dünnschichtchromatographie. Bull Soc. Chim. biol. **46** (1964) S. 769—773; C. **137** (1966) 12, 1944.

[90] *Tomoda, M.*: Cellulose thin-layer chromatography of monosaccharides. J. pharmac. Soc. Japan **87** (1967) S. 207—209.

[91] *Truter, E. V.*: Thin-film chromatography. London: Cleaver-Hume Press 1963.

[92] *Vaskovsky, V. E.*, *Ovodova, R. G.*, *Ovodov, Yu. S.*, *Bykov, V. T.*, und *Vaskovskaya, A. A.*: Chromatographic identification of some monosaccharides by thin-layer chromatography of their methylated methyl glucosides. Carbohydrate Res. **7** (1968) S. 490—492; C. A. **69** (1968), 64456 k.

[93] *Voigt, J.*, und *Noske, R.*: Dünnschichtchromatographische Trennung von Glucose, Fructose und Saccharose nebeneinander. Nahrung **12** (1968) S. 203—204.

[94] *Waldi, D.*: Dünnschichtchromatographie einiger Zucker und Zuckeralkohole. J. Chromatogr. **18** (1965) S. 417—418.

[95] *Walker, H. G.*, jr., *Ricci, B. A.*, und *Goodwin, J. C.*: Thin-layer chromatography of sugar beet carbohydrates. J. amer. Soc. Sugar Beet Technologists **13** (1965) S. 503—508.

[96] *Washüttl, J.*: Dünnschichtchromatographische Bestimmung der freien Mono-, Di- und Trisaccharide in ruhenden Gerstenkörnern. Mikrochim. Acta (1969) S. 1103—1007.

[97] *Wassermann, L.*, und *Hanus, H.*: Dünnschichtchromatographie von Zuckern und Zuckeralkoholen. Naturwiss. **50** (1963) S. 351.

[98] *Weicker, H.*, und *Brossmer, R.*: Aminierung von Zukkern während der Chromatographie an Kieselgel G bei Verwendung eines ammoniakhaltigen Lösungsmittels. Klin. Wschr. **39** (1961) S. 1265—1266.

[99] *Weinstein, A. N.*, und *Segal, S.*: Thin-layer chromatographic separation of hexitols and corresponding hexoses. Anal. Biochem. **20** (1967) S. 558—561.

[100] *Welch, B. L.*, und *Martin, N. E.*: Quantitative analysis of sugars by densitometric inspection of thin-layer chromatograms: analysis of method. J. Chromatogr. **72** (1972) S. 359—364.

[101] *Whiele, H.*, und *Horak, E.*: Zur Dünnschichtchromatographie von Zuckergemischen. J. Chromatogr. **47** (1970) S. 527—529.

[102] *Wolfrom, M. J.*, *Patin, D. L.*, und *De Lederkremer, R. M.*: Thin-layer chromatography on microcrystalline cellulose. J. Chromatogr. **17** (1965) S. 488—494.

[103] *Yamazoe, Y.*: Determination of free sugars. TLC-gallic acid method. Eiyo To Shokuryo **23** (1970) S. 618—624; C. A. **75** (1971), 31170 h.

[104] *Ždanov, Ju. A.*, *Dorofeenko, G. N.*, und *Zelenskaja, S. V.*: Dünnschichtchromatographie von Kohlenhydraten auf Gips. Doklady Akad. Nauk SSSR **149** (1964) S. 1332—1333; C. **138** (1967) 10, 2136.

Eingegangen am 20. August 1973

Neue Bücher

Progress in Polymer Science. Japan. Vol. I und Vol. II. Hgg. von *Minoru Imoto* und *Shigeharu Onogi*. Tokyo: Kodansha Ltd.; New York/London/Sydney/Toronto: John Wiley & Sons 1971. XII, 520 S. und IX, 379 S.; Lwd.

Allein die Tatsache, daß Fortschrittsberichte über die Polymerwissenschaft in Japan von japanischen Autoren in englischer Sprache herausgegeben worden sind, kann vorbehaltlos begrüßt werden, wird doch der überwiegende Teil von Arbeiten japanischer Polymerwissenschaftler in japanischen Zeitschriften publiziert, wodurch die Ergebnisse der Arbeiten außerhalb Japans dann nur in Form von Zusammenfassungen oder Referaten bekannt werden können, wenn die aufwendige Mühe des Übersetzens gescheut wird. Nach Vorliegen der ersten drei Bände der Fortschrittsberichte — ein vierter befindet sich in Vorbereitung — gebührt den Herausgebern, den Autoren der einzelnen Berichte und den Verlagen Anerkennung für die glückliche Auswahl der behandelten Themen, bei denen es sich um aktuelle, noch in starker Entwicklung befindliche Probleme der Polymerenchemie und -physik handelt, für die hohe wissenschaftliche Qualität der Beiträge und die ausgezeichnete Ausstattung der Bücher. Jeder Band umfaßt sieben Einzelbeiträge, deren Wert noch größer ist, als man zunächst erwartet, da grundsätzlich neben den japanischen Arbeiten relevante Veröffentlichungen aus anderen Ländern diskutiert werden, wobei im Durchschnitt bis 1969, in einigen Fällen bis 1970 erschienene Arbeiten berücksichtigt worden sind.

Band I enthält Beiträge von *T. Otsu* über „Struktur und Reaktivität von Vinylmonomeren bei der Radikalpolymerisation", *S. Tazuke* über „Einflüsse von Metallsalzen auf die Radikalpolymerisation", *C. Aso*, *T. Kunitake* und *S. Tagami* über „Cyclopolymerisation von Divinyl- und Dialdehydmonomeren", *K. Nagai* über „Konformationsstatistik von Polymerketten. Spannungsoptische und dichroitische Koeffizienten von Polymernetzwerken", *K. Osaki* und *Y. Einaga* über „Viskoelastische Eigenschaften von konzentrierten Polymerlösungen", *K. Ninomiya*, *S. Kusamizu*, *E. Maekawa* und *G. Yasuda* über „Anwendung der Polymerrheologie auf die Kautschuktechnologie" und *K. Imahori* über „Sekundärstrukturen von synthetischen Polypeptiden und von Proteinen".

Die sieben Beiträge in Band II sind von *S. Iwatsuki* und *Y. Yamashita* über „Radikalische alternierende Copolymerisationen", *M. Matsuda* über „Einige Polymerisationsreaktionen in Verbindung mit flüssigem Schwefeldioxid", *S. Nozakura* und *Y. Inaki* über „Radikalpolymerisation von inneren Olefinen. Sterische Effekte bei der Polymerisation", *N. Yamazaki* über „Radikalpolymerisation und Copolymerisation von Vinylchlorid und Chloropren mit modifizierten Ziegler-Katalysatoren", *M. Niinomi* und *M. Takayanagi* über „Elektronenmikroskopische Untersuchungen von Delokalisierungen bei Polyäthylen-Einkristallen", *S. Onogi* und *T. Asada* über „Rheooptische Untersuchungen von Hochpolymeren durch die Infrarotdichroismusmethode" und *E. Fukada* über „Piezoelektrische Dispersion bei Polymeren".

Im ersten Band behandelt *Otsu* die Reaktivität von Vinylmonomeren bei der radikalischen Polymerisation anhand des Q-e-Schemas sowie der *Hammett*-Gleichung und ihren Modifikationen, während quantenchemische Näherungsmethoden bewußt nicht diskutiert werden. Das umfangreiche Zahlenmaterial ist in übersichtlichen Diagrammen und Tabellen zusammengestellt. Ein kleiner Schönheitsfehler tritt auf S. 24 auf, wo die spontane Polymerisation und Copolymerisation von α-Cyanoacrylat fälschlicherweise mit Elektronenakzeptormonomeren — es handelt sich um Donatormonomere — angeführt wird.

Im folgenden Kapitel sind Einflüsse von Metallsalzen auf die Radikalpolymerisation, und zwar auf die Initiierungs-, Wachstums- und Abbruchsreaktion sowie auf die Stereospezifität der Wachstumsreaktion dargestellt. Damit schließt sich dieses Kapitel folgerichtig an das vorhergehende an,

Karl Schwertassek 70 Jahre

Am 20. 12. 1973 vollendet Dipl.-Ing. Dr. techn. *Karl Schwertassek* sein 70. Lebensjahr. Er wurde in Schatzlar im Riesengebirge als Sohn des dortigen Primararztes geboren, absolvierte die Realschule in Trautenau und die DTH Brünn. (Dipl.-Ing. 1927, Dr. techn. 1932). Nach Ableistung seiner Militärdienstpflicht trat er im Jahre 1929 als wissenschaftlicher Mitarbeiter in die Textilforschungsanstalt der Handels- und Gewerbekammer Reichenberg ein. Nach Ableben ihres Direktors und Begründers Dr. *W. Sieber* im Jahre 1935 übernahm er die Leitung der Anstalt, die er bis zum Jahre 1948, dem Jahre ihrer Auflösung, innehatte. Das Institut nahm unter seiner Leitung einen beachtlichen Aufschwung und erweiterte seinen internationalen Ruf in bedeutendem Maße.

Von 1948 an erfolgte die Neugründung verschiedener staatlicher Forschungsstätten der ČSSR auch auf textilem Gebiet. Dr. *Schwertassek* trat zunächst in das zentrale Forschungsinstitut Brno ein; nach dessen Umorganisation wechselte er in das Woll-Forschungsinstitut über, um im Jahre 1955 auf Ersuchen des Direktors Dipl.-Ing. *B. Piller* CSc. des Wirkereiforschungsinstituts Brno in dieses Institut einzutreten, an dem er auch heute noch tätig ist.

Dr. *Schwertassek* hatte das seltene Glück, ohne Unterbrechung in seinem engeren Fachgebiet der Faserforschung tätig sein zu können, so daß er im kommenden Jahr sein 45. Arbeitsjubiläum feiern kann.

Seine praktische und wissenschaftliche Tätigkeit findet ihren Niederschlag in mehreren tausend fachlichen Begutachtungen und Untersuchungen, der Veröffentlichung von 85 wissenschaftlichen Arbeiten in der Fachpresse, 11 Buchbeiträgen und eines Fachbuches (in tschechischer Sprache). Die Publikationen erfolgten vorwiegend in deutscher und tschechischer, vereinzelt in englischer und russischer Sprache. Seine wissenschaftlichen Arbeiten nehmen ihren Ausgang vornehmlich von seiner Tätigkeit als Gutachter und Berater der Textil-Industrie, besonders von der Aufklärung von Fehlern in textilen Halb- und Fertigprodukten, und sind damit vor allem praktisch ausgerichtet. Einen Vorrang nehmen dabei Beschreibungen neuentwickelter (17) und neumodifizierter (5) physikalisch-chemischer bzw. mikroskopischer textiler Prüfmethoden ein, von denen die Jodsorptiometrie, eine universell anzuwendende Prüfmethode, in der internationalen Fachwelt die weiteste Verbreitung gefunden hat. Einen weiteren Anteil bildet die Beschreibung neuer Erkenntnisse, die er mit Hilfe seiner verschiedenen neuen Methoden gewinnen konnte und die das stete Bestreben erkennen lassen, die auf textilem Gebiet noch vielfach herrschende Empirie durch wissenschaftliche Erkenntnisse zu ersetzen.

Wir sprechen dem Jubilar, der auch zahlreiche Arbeiten in unserer Zeitschrift veröffentlicht hat, die besten Wünsche zu seinem Geburtstag und für sein weiteres Ergehen aus.

Neue Bücher (Forts.)

da hier Wege beschrieben werden, die Reaktivität von Vinylmonomeren durch Komplexbildung mit Metallsalzen zu verändern.

Die vielfältigen Möglichkeiten der Cyclopolymerisation einer Reihe von Divinyl- und Dialdehydmonomeren in Abhängigkeit von den Polymerisationsbedingungen und den Polymerisationsmechanismen, die sich von radikalischen über anionische und kationische bis zu ionischkoordinativen erstrecken, werden im nächsten Teil zusammengestellt. Probleme der Strukturaufklärung an diesen Polymeren und auch Telomerisationsprodukten sind mit gleicher Sorgfalt behandelt wie die der Synthese.

Theoretische und mathematische Grundlagen zur Berechnung der Bindungsanisotropie von realen Polymerketten, für die Interpretation gemessener spannungsoptischer Koeffizienten an Polyäthylen, cis-1,4-Polybutadien, cis-1,4-Polyisopren, trans-1,4-Polybutadien und trans-1,4-Polyisopren, zur Behandlung des Infrarotdichroismus polymerer Netzwerke für den konformationsabhängigen sowie -unabhängigen Fall und zur Interpretation dichroitischer Messungen an Polyäthylen leitet *K. Nagai* in dem Kapitel „Konformationsstatistik von Polymerketten" ab.

Neuere Ergebnisse über experimentelle und theoretische Untersuchungen von viskoelastischen Eigenschaften konzentrierter Polymerlösungen, wobei als reale Systeme im wesentlichen Polystyrollösungen beschrieben werden, umfassen in der Darstellung im folgenden Kapitel Methoden zur Ermittlung der sekundären Normalspannung und die statische Schernachgiebigkeit. Unter einheitlichen Gesichtspunkten werden verschiedene Typen der intermolekularen Wechselwirkung in bezug auf die Fließeigenschaften von Polymerlösungen für verschiedene Molekülmassen und Konzentrationen, auch für verdünnte Lösungen, in einem Schema zusammengestellt, das für die qualitative Beurteilung von Polymerlösungen als sehr zweckmäßig erscheint.

Auf S. 324 wurde die Abhängigkeit der Viskosität von der rel. Molekülmasse irrtümlicherweise vertauscht.

Welche Probleme der Kautschuktechnologie durch Anwendung der Polymerrheologie gegenwärtig lösbar erscheinen, zeigt der nächste Beitrag, dessen Hauptanliegen darin besteht, Wege zur Ermittlung von Korrelationen zwischen Polymerstruktur, Materialeigenschaften, Beanspruchungsfaktoren und Gebrauchseigenschaften von Kautschuk sowie zur Optimierung von dessen Eigenschaften aufzuzeigen. Die Eignung einer Reihe dafür vorgeschlagener Modelle wird anschaulich durch graphische Darstellung entsprechender Korrelationen bewiesen.

Einen Überblick über Sekundärstrukturen von synthetischen Polypepti den und von Proteinen unter besonderer Berücksichtigung von Methoden zur Bestimmung des α-Helix-Gehalts durch optische Rotationsdispersion, UV-Absorption und Zirkulardichroismus sowie zur Untersuchung von β-Strukturen (Faltblattstrukturen) und ihrer Entstehung bei bestimmten Denaturierungsvorgängen gibt der letzte Beitrag des Bandes I.

Im ersten Kapitel von Band II setzen sich *S. Iwatsuki* und *Y. Yamashita*, ausgehend von der Bildung, der Stabilität und der Reaktivität von Ladungsübertragungskomplexen aus Donator- und Akzeptormonomeren, mit Problemen des Mechanismus der alternierenden Copolymerisation auseinander. Im wesentlichen auf Basis der Systeme Maleinsäureanhydrid und p-Dioxan bzw. Dimethyloxyäthylen versuchen die Autoren, die gegenwärtig noch umstrittene Beteiligung von Ladungsübertragungskomplexen an der alternierenden Copolymerisation zu beweisen. Ein kurzer Überblick wird über alternierende Copolymerisationen der Koordinationskomplexe von polaren Monomeren mit *Lewis*-Säuren gegeben.

Der zweite Fortschrittsbericht in diesem Band stellt in vieler Hinsicht eine Weiterführung des vorangegangenen dar, da die behandelten Polymerisationsreaktionen in Gegenwart von bzw. mit Schwefeldioxid viele der alternierenden Copolymerisation gleichgelagerte Probleme aufwerfen. Hier ist eine Reihe experimenteller Ergebnisse über die Rolle des Schwefeldioxids als Cokomponente bei der radikalischen Copolymerisation, als Bestandteil von Ladungsübertragungskomplexen mit polymerisationsinitiierender Wirkung und als Reaktionsmedium für die kationische Styrolpolymerisation übersichtlich in Tabellen und Diagrammen zusammengestellt.

Der Einfluß sterischer Effekte auf die Reaktivität und natürlich besonders auf das Copolymerisationsverhalten von Monomeren, die hier unter dem Begriff „innere" Olefine zusammengefaßt werden, wird im nächsten Kapitel herausgearbeitet. Unter „inneren" Olefinen verstehen die Autoren sowohl cyclische Monomere mit Ringdoppelbindung als auch 1,2-disubstituierte Äthylene. Copolymerisationsreaktionen dieser schwer oder gar nicht radikalisch homopolymerisierbaren Monomeren sind hinsichtlich experimenteller Ergebnisse ausführlich beschrieben.

Für die Polymerisation und Copolymerisation von Vinylchlorid bzw. Chloropren geeignete modifizierte *Ziegler*-Katalysator-Systeme auf Basis von Titantetra-n-butoxid/Alkylaluminiumchlorid, ihre Struktur und ihre Wirkungsweise bei der Initiierungs- und Wachstumsreaktion diskutiert *N. Yumazaki*, wobei es ihm gelingt, überzeugende Beweise für den radikalischen Polymerisationsmechanismus zusammenzustellen.

Theoretische und methodische Grundlagen für elektronenmikroskopische Untersuchungen an Delokalisierungsvorgängen in Polyäthyleneinkristallen einschließlich des Mechanismus der Delokalisierung bei Temperung und des Auftretens von Kristalldefekten durch Deformation werden im nächsten Beitrag beschrieben. Der Einfluß von qualitativ und quantitativ durch Elektronenmikroskopie definierten Kristalldefekten auf die dynamischen Speicher- und Verlustmoduli der Dehnung an getemperten und durch Recken deformierten Einkristallproben wird graphisch sehr eindrucksvoll demonstriert.

Die Leistungsfähigkeit der infrarotdichroitischen Meßmethode bei der Untersuchung von Orientierungs- und Deformationsvorgängen bei kristallinen Polymeren machen *S. Onogi*, einer der beiden Herausgeber der Fortschrittsberichte, und *T. Asada* in ihrem Beitrag deutlich. Die von diesen Autoren entwickelte Methode der gleichzeitigen Messung des Infrarotdichroismus mit Zugspannung und Dehnung wurde bei Polyäthylen, bei Polypropylen und dessen Mischungen mit Polyäthylen und Äthylen/Propylen-Elastomeren, bei Äthylen/Propylen-Blockcopolymeren und bei Polybuten-1 angewandt und damit Aussagen zu Deformationsmechanismen gewonnen.

Im abschließenden Kapitel des zweiten Bandes behandelt *E. Fukada* den Effekt der piezoelektrischen Dispersion bei Polymeren, dessen Modellierung und Temperaturabhängigkeit sowie Zusammenhänge mit der kristallin-amorphen Zweiphasenstruktur von Polymeren. Untersuchungsergebnisse an einigen synthetischen Polypeptiden und an Polyvinylidenfluorid zeigen die Entwicklungsfähigkeit dieser Forschungsrichtung. *B. Sandner*

Progress in Polymer Science. Japan. Vol. III. Hgg. von *Seizo Okamura* und *Motowo Takayanagi.* Tokyo: Kodansha Ltd. 1972, und New York/London/Sydney/Toronto: John Wiley & Sons 1972. XII, 388 S. Lwd. £ 8.15.

Mit dem dritten Band der Fortschrittsberichte über die Polymerwissenschaft in Japan geben wie in den beiden ersten Bänden (s. diese Zeitschrift **24** (1973) S. 520) japanische Autoren einen Überblick über weitere sieben aktuelle Spezialgebiete der Polymerforschung, zu denen in Japan wesentliche Beiträge erbracht wurden. Dabei fanden die Herausgeber auch für diesen Band ein ausgewogenes Verhältnis von Berichten über Polymersynthese zu denen über Polymercharakterisierung. Während in den beiden ersten Bänden radikalische Polymerisationsreaktionen bei den Beiträgen über Polymersynthese im Vordergrund standen, befassen sich die Synthese-Beiträge dieses Bandes mit ionischen und ionisch-koordinativen Polymerisationen. Japanische Originalarbeiten wurden bis 1971 berücksichtigt, während naturgemäß die Aktualität der zitierten Arbeiten von Autoren anderer Länder nicht so hoch ist und etwa bis 1969 reicht. Aufmachung und graphische Gestaltung dieses Bandes lassen wie die der ersten beiden Bände keine Wünsche offen. Leser, die schnell ein spezielles Problem nachschlagen möchten, werden das Sachwortverzeichnis begrüßen, das aber leider hinsichtlich der Stichwortauswahl System vermissen läßt.

In den sieben Kapiteln berichten *T. Tsuruta* über „Reaktivität von α,β-ungesättigten Carbonylverbindungen gegenüber nukleophilen Reagenzien — Addition und Polymerisation", *A. Yamamoto* und *S. Ikeda* über „Koordinative Polymerisation durch Organoübergangsmetallkomplexe", *S. Okamura, T. Higashimura* und *T. Miki* über „Kationische Polymerisation von Trioxan in Lösung", *H. Yuki* über „Anionische alternierende Copolymerisation", *Y. Wada* und *R. Hayakawa* über „Relaxationsprozesse in kristallinen und nichtkristallinen Phasen von Polymeren", *M. Nagasawa* und *T. Fujimoto* über „Herstellung, Charakterisierung und viskoelastische Eigenschaften von verzweigten Polymeren" und *Y. Kobayashi* und *T. Isemura* über „Mit Kollagen in Beziehung stehende Polypeptide und dessen Triplehelixstruktur".

Asugehend von einem dreidimensionalen umfassenden Schema der Reaktivitäten von Vinylmonomeren und Initiatoren bei der anionischen Polymerisation beschreibt *T. Tsuruta* im ersten Kapitel Reaktionen von $\alpha.\beta$-ungesättigten Estern, Ketonen und Nitrilen mit Lithiumalkyl, Lithiumaluminiumhydrid, Calciumzinktetraalkyl, Zink- und Aluminiumalkyl sowie Butylmagnesiumbromid unter Polymerisationsbedingungen, wobei die neben der anionischen Polymerisation ablaufenden Nebenreaktionen ausführlich abgehandelt werden. Es ist bedauerlich, daß so bedeutende Arbeiten wie die *G. L. Erusalimskijs* zur anionischen Polymerisation polarer Monomerer unberücksichtigt geblieben sind.

Die Wirkungsweise von Organoübergangsmetallkomplexen, im wesentlichen Alkyleisen-, -kobalt- und -nickeldipyridyl-Komplexen, bei der Oligomerisierung von Butadien und α-Olefinen sowie der koordinativen Polymerisation von polaren Vinylmonomeren wird im nächsten Kapitel auf Basis des *Cossee*schen Modells für den Mechanismus der *Ziegler*-Polymerisation beschrieben. Deutlich werden die noch offenen Probleme, besonders des Insertions-mechanismus, herausgestellt.

Beweise dafür, daß bei der kationischen Lösungspolymerisation von Trioxan Oxoniumionen Kettenträger der Polymerisation sind, werden im nächsten Beitrag durch Ergebnisse kinetischer Untersuchungen erbracht. Besonders sind dabei die Bildung cyclischer Oligomerer durch die sog. „Back-Biting"-Reaktion und die Rolle des Tetroxans berücksichtigt. Wie bei der kationischen Polymerisation anderer Monomerer werden auch hier Aussagen zum Mechanismus durch Untersuchungen des Einflusses von Wasser und einiger Elektronendonatoren erhalten.

Über die noch wenig untersuchte anionische Copolymerisation unter Bedingungen, bei denen bevorzugt alternierende Copolymere, besonders von 1,1-Diphenyläthylen, entstehen, berichtet *H. Yuki*. Sterische Einflüsse und der Lösungsmitteleinfluß auf den Polymerisationsmechanismus werden klar herausgearbeitet und durch Ergebnisse von Strukturuntersuchungen, besonders NMR-spektroskopische, an den Copolymeren untermauert. In dieser ausführlichen Abhandlung der verschiedenen Copolymerisationssysteme wird eine Aussage über Reaktivitätsparameter von Monomeren vermißt, die die Möglichkeit bzw. Unmöglichkeit einer anionischen Copolymerisation bestimmen.

Experimentelle Ergebnisse über mechanische und dielektrische Relaxationen in kristallinen und nichtkristallinen Phasen von Polymeren, besonders von Polyäthylen und Polystyrol, und theoretische Analysen der Ergebnisse enthält das nächste Kapitel. Für Polymere, wie Polytetrafluoräthylen und Polyacrylnitril mit hoher Kettensteifigkeit, wird die Anwendung eines Dreiphasenmodells mit einer „Zwischenphase", die neben der amorphen und kristallinen Phase auftritt, vorgeschlagen.

M. Nagasawa und *T. Fujimoto* machen in ihrem Beitrag über kamm- und sternförmig verzweigte Polymere deutlich, daß diese speziellen Polymerstrukturen nicht eine Kuriosität, sondern daß sie geeignete Modellsubstanzen für die Ermittlung von Struktur/Eigenschafts-Beziehungen von technisch hergestellten verzweigten Polymeren darstellen. Die Synthese von kamm- und sternförmigem Polystyrol durch Kupplungsreaktionen und von sternförmigem Poly-α-methylstyrol mit multifunktionellen Initiatoren sowie die Charakterisierung dieser Polymeren werden beschrieben. Von kammförmigem Polystyrol wird über Lösungs- und viskoelastische Eigenschaften berichtet. (Auf S. 299 wurden die zwei Bilder vertauscht.)

Zusammenhänge zwischen der Primärstruktur von Kollagen und dessen Sekundär- sowie Tertiärstruktur werden im letzten Kapitel durch Untersuchungsergebnisse an Homopolypeptiden sowie statistischen und sequentiellen Copolypeptiden herausgearbeitet, wobei Bedingungen, unter denen sich die dreisträngige Kollagenhelix ausbildet, im Vordergrund stehen. *B. Sandner*

Neuere Methoden zur Analyse von Tensiden. Von *Hans König.* Berlin/Heidelberg/New York: Springer 1971. VII. 239 S. Brosch. DM 58,—.

Neben den nunmehr schon klassischen Methoden der Trennung, Identifizierung und quantitativen Bestimmung von Tensiden gewinnen die apparativ anspruchsvollen physikalischen Verfahren zunehmend an Bedeutung. Sie ermöglichen Aussagen, die auf konventionellem Wege entweder gar nicht oder nur mit großem experimentellem Aufwand zugänglich sind.

Der Verfasser hat es sich deshalb zur Aufgabe gemacht, ausgewählte neuere instrumentelle Methoden und Trennverfahren sowie Fortschritte bei der analytischen Bestimmung von speziellen Tensidklassen (Sulfobernsteinsäurekaltester, Alkylphosphate, amphotere Tenside) dem Praktiker zu erschließen.

Die übersichtliche Gliederung und die präzise Darstellung des Sachgebiets sind diesem Anliegen angemessen.

Im ersten Kapitel wendet sich der Autor den „Methoden zur Trennung und Identifizierung von Tensiden" zu. Dabei wird der Auftrennung von Tensidklassen durch Ionenaustauscher und der Säulen-, Papier- und Dünnschichtchromatographie zur weiteren Trennung von Tensiden gleicher Ionogenität ein breiter Raum beigemessen. Zur Identifizierung werden bevorzugt spektroskopische Verfahren (IR, UV, NMR) vorgeschlagen. Die zahlreichen Referenzspektren und die Angaben der charakteristischen Banden erleichtern die analytische Arbeit, zumal sie sich überwiegend auf häufig angewandte Handelsprodukte beziehen.

Im zweiten Kapitel werden die „Methoden zur quantitativen Bestimmung von Tensiden" besprochen. Neben den in die Laborpraxis bereits eingeführten gravimetrischen, volumetrischen und colorimetrischen Methoden werden zur quantitativen Bestimmung von nichtionogenen Tensiden auch spektroskopische Methoden (IR, NMR) berücksichtigt. Durch die vom Autor gesetzten Schwerpunkte werden sich vor allem diejenigen Analytiker angesprochen fühlen, die die chromatographischen Methoden beherrschen und denen IR-, UV- und NMR-Spektrometer zugänglich sind. Ihnen vermittelt der Verfasser eigene Erfahrungen und wertvolle Anregungen. Mit Gewinn werden das Buch auch die noch zahlreichen Autodidakten auf dem Gebiet der Tensidanalytik lesen. Der Rezensent weiß um die Schwierigkeiten, eine wertende Übersicht über das breite Spektrum der instrumentellen Methoden, die in die Tensidanalytik Eingang gefunden haben, zu geben. Er hält es aber dennoch für erforderlich, bei einer Neuauflage über die in wesentlichen Teilen fast wörtlich übernommenen Veröffentlichungen des Autors hinausgehend andere Verfahren, wie z. B. die Gelchromatographie als selektives Trennverfahren und die polarographischen Bestimmungsmethoden, zu berücksichtigen und auch die Literatur der sozialistischen Länder zu behandeln. *K. H. Goebel*

Lehrbuch der Textilchemie einschließlich der textilchemischen Technologie. Hrsg.: *Hermann Rath.* Dritte neubearbeitete Auflage. Berlin/Heidelberg/New York: Springer 1972. XII, 881 S. 8°. Gzlwd. DM 136,—.

Das Lehrbuch der Textilchemie von *H. Rath* gehört zu den Standardwerken der Fachliteratur über die Textilchemie. Im Jahre 1952 erschien die erste Auflage, 1963 die zweite und 1972 wurde die dritte der Öffentlichkeit übergeben. Wie der Verfasser im Vorwort feststellt, soll das Buch eine Brücke zwischen der Textilchemie und der Textilveredlung bilden. Das Ziel ist, den Studenten und den in der Praxis stehenden Textilveredlern die Zusammenhänge zwischen dem Chemismus von Fasern, Farbstoffen, Textilhilfsmitteln und den Textilveredlungsvorgängen aufzuzeigen.

Die grundsätzliche Gliederung der früheren Auflagen wurde beibehalten. Hauptthemen sind: Cellulosefasern, Eiweißfasern, synthetische Fasern, anorganische Fasern, künstliche organische Farbstoffe, Anwendung der Farbstoffe in der Färberei und in der Druckerei, Textilhilfsmittel, Wasser im Textilbetrieb und Werkstoffe für Veredlungsmaschinen. Den Abschluß bilden umfangreiche Farbstoff-, Textilhilfsmittel-, Chemiefaser-, Literatur-, Namens- und Sachverzeichnisse. Obwohl mit Rücksicht auf den Umfang des Buches auf eine größere Anzahl von Farbstofformeln, Maschinenabbildungen und Rezepturen verzichtet wurde, ließ sich, bedingt durch umfangreiche Neuentwicklungen, eine Erhöhung der Seitenzahl auf nunmehr 881 nicht umgehen.

Gegenüber der zweiten Auflage erfuhren die Kapitel über Herstellung, Eigenschaften und Veredlung von Synthesefasern eine wesentliche Erweiterung. Das gleiche gilt für die chemische Modifizierung von Cellulose- und Proteinfasern sowie für Reaktivfarbstoffe. Neu sind spezielle Abschnitte, wie z. B. Multicolor-Technik, Veredlung von Fasern in organischen Lösungsmitteln, hitzebeständige Fasern und Filme für die Weltraumfahrt, physikalisch-chemische Betrachtungen der Färbevorgänge, Thermodruck, radioaktive Isotopen und ionisierende Strahlung. Der übrige Stoff wurde durch zahlreiche Ergänzungen dem neuesten technischen und wissenschaftlichen Stand angepaßt.

Der Autor und seine Mitarbeiter haben es vorzüglich verstanden, das umfangreiche Gebiet der Textilchemie und der textilchemischen Technologie umfassend und verständlich darzulegen. Auf Detailangaben von Verfahren wurde bewußt verzichtet, da dies Sache der Spezialliteratur ist. Auch die dritte Auflage des „*Rath*" wird als zuverlässiges Lehrbuch für Studenten und als Nachschlagewerk für den Praktiker eine gute Aufnahme finden und kann sehr empfohlen werden. *G. Hirsch*

Encyclopedia of Polymer Science and Technology. Plastics, Resins, Rubbers, Fibers. Vol. 15: Wood to Ziegler-Natta Catalysts. — Supplement: Alternating Copolymers to Vinyl Ester Polymers. Hgg. von *Herman F. Mark, Norman G. Gaylord* und *Norbert M. Bikales.* New York/London/Sidney/Toronto: Interscience Publ., Wiley & Sons 1971. XV, 703 S. Lwd. Subskriptionspreis £ 17,50; Einzelpreis £ 23,50.

Das ist der letzte Band der 1964 gestarteten Enzyklopädie. Er enthält zunächst sechs „reguläre" Kapitel:

Wood, ein faktenreicher Überblick über den Gesamtkomplex (*B. L. Browning*, 40 S.)
Wool; physikalische und mechanische Eigenschaften sowie die Verarbeitung stehen im Vordergrund (*K. R. Makinson*, 38 S.)
X-Ray Diffraction, eine Einführung (*P. Corradini*, 19 S.)
Xylylene Polymers, die Beschreibung einer für Spezialeinsatzgebiete bemerkenswerten Substanzklasse (*W. F. Gorham* und *W. D. Niegisch*, 26 S.)
Zein (*A. F. Pomes*, 8 S.)
Ziegler/Natta Catalysts; hier erweist *N. M. Bikales* zwei Großen der Polymerwissenschaft offensichtlich seine Referenz, indem er die Bedeutung „ihrer" Katalysatoren explizit erwähnt (1/2 Seite).

Dann beginnen die „Ergänzungen". Dieses *Supplement* umfaßt über 80% des Bandes! Was hier aufnehmen an seinerzeit, bei der Konzipierung des Gesamtwerkes, nicht erkannten oder nicht erkennbar gewesenen Entwicklungen — sicherlich keine leichte Entscheidung. Es gibt 25 Kapitel, von denen viele den Textilforscher und -technologen unmittelbar ansprechen:

Alternating Copolymers (*J. Furukawa*, 25 S.) führt ins Gebiet der nichtstatistischen Copolymerisation; es werden Synthesemöglichkeiten beschrieben, Polymersiationsmechanismen diskutiert und Charakterisierungsmethoden sowie Eigenschaften der Copolymeren (für das System Acrylnitril/Butadien) angegeben.

Anidex Fibers ist ein neuer Name für Synthesefaserstoffe, die wenigstens 50 Masse% eines Acrylsäureesters im — linearen — Polymermolekül enthalten. Zur Zeit gibt es allerdings nur eine käufliche Faser dieses Typs, die AMIN/8-Elastomerfaser von Rohm und Haas, und die Autoren *S. Melamed* und *R. G. Minton* nutzen die Gelegenheit, ihr Firmenprodukt vorzustellen (7 S.).

Das grundsätzliche, jährlich prekärer werdende Problem der Abfall-Beseitigung wird im Kapitel *Disposal of Plastics* angeschnitten (*Y. M. Brandt*, 9 S.).

Um lichtleitende Faserkompositionen geht es im Abschnitt *Fiber Optics* (*B. N. Derick*, 32 S.); Fragen zur Theorie und Praxis werden gleichermaßen beantwortet.

Hohlfäden aus synthetischen Polymeren sind in der Textilindustrie — wenn auch mit wechselndem kommerziellem Anklang — schon lange bekannt. Zunehmend werden sie nun zur Trennung von Substanzen, u. a. im medizinisch-therapeutischen Bereich, herangezogen. Das Kapitel *Hollow-Fiber Membranes* von *H. I. Mahon* und *B. J. Lipps* (15 S.) zeigt Aspekte für äußerst attraktive Einsatzgebiete.

Wer über die Zukunft der Acrylnitrilpolymeren nachdenkt, sollte auch die Arbeit über *Methacrylonitrile Polymers* lesen (*L. E. Ball* und *J. L. Greene*, 34 S.). In Verbindung mit hoher Wetterbeständigkeit ist hier die Thermoplastizität (mit entsprechenden, relativ einfachen Verarbeitungsmöglichkeiten) die beachtenswerte Konkurrenz-Eigenschaft.

Unter dem Stichwort *Phenolic Fibers* wird auf zehn Seiten die nichtbrennbare KYNOL-Faser angepriesen. Zur Chemie oder auch Herstellungsmethode dieser — an sich wichtigen — Faserstoffklasse findet man leider keine Angaben; als Oberbegriff-Kapitel ist das etwas wenig.

Über Makromoleküle, die eine große Zahl von Gruppen mit ungepaarten Elektronen enthalten, berichtet *D. Braun* im Abschnitt *Polyradicals* (16 S.).

Polyurethan Technology von *J. M. Buist*, *G. P. Crowley* und *A. Lowe* (34 S.) ist ein echter Nachtrag zum Polyurethan-Kapitel im Band 11. Er berücksichtigt die Tatsache, daß bei der Verarbeitung dieses interessantesten Kunststoffes in letzter Zeit wesentliche Fortschritte erzielt wurden.

Wem zur sportlichen Betätigung natürliche Bodenflächen (z. B. Rasen) nicht zur Verfügung stehen oder auch nicht gut genug sind, dem kann mit mehrschichtigen Synthese-flächen aus Polyamiden, Polyolefinen, Acrylics, Polyvinylchlorid, Synthesekautschuk oder Polyurethanen geholfen werden (bekanntestes Beispiel: TARTAN). Das Ganze hat sich zu einem aufstrebenden Industriezweig entwickelt, ermöglicht einen teuren Spaß und wird unter *Recreational Surfaces* übersichtlich dargelegt (*J. Vinicki* und *J. E. Nordale*, 17 S. Text + 1 S. Cartoon).

Die Anwendung der *Scanning Electron Microscopy* ist jedem Faserhersteller und -verarbeiter in den letzten Jahren vertraut geworden. Hier wird nun auch über die Technik dieser Methode kurz instruiert (*F. L. Baker* und *L. H. Princen*, 10 S.).

Das Werk schließt mit dem für den 14. Band nicht rechtzeitig fertiggewordenen Kapitel *Vinyl Ester Polymers*, ein Buch für sich (173 S.), hervorragend gestaltet von *M. K. Lindemann*. Der umfangreiche Stoff wurde in drei Sektionen gegliedert: *Vinyl Acetate Monomers*, *Vinyl Acetate Polymers* (in beiden Abschnitten ist alles komplett) und *Other Vinyl Ester Polymers*.

Die Herausgeber werden froh sein, das mutige Verfahren hinter sich gebracht zu haben. Ihre Arbeit war aufwendig, aber verdienstvoll: die Enzyklopädie ist das lexikalische opus magnum der Polymerwissenschaft und -technologie geworden.

Schlußfolgerung am Ende: trotz rapider Erkenntniszunahme ist die komplexe, überschaubare und gleichzeitig kompetente Zwischenbilanz auf einem Wissensgebiet auch heute noch zweckmäßig. *V. Gröbe*

Patentschau

Auszug aus der Lieferung 15/16/1973 der Patentschau „Faserstoffe und Textiltechnik", Ausgabe A: Faserstoffe einschl. Kunststoffe und organ. Grundsubstanzen, zusammengestellt von der Abteilung Information und Dokumentation des Instituts für Polymerenchemie der AdW der DDR, 153 Teltow-Seehof, Kantstr. 55

Die Patentschau ist nach der Internationalen Patentklassifikation (IPC) gegliedert. Es bedeuten: DLP = DDR-Patent; DTP = Deutsches Bundespatent; DTA = (West)Deutsche Auslegeschrift; DTO = (West)Deutsche Offenlegungsschrift; OEP = Oesterreichisches Patent; POP = Polnisches Patent; CHP = Schweizer Patent; FRP = Französisches Patent; GBP = Britisches Patent; JAP = Japanisches Patent; SWP = Schwedisches Patent; SUP = Sowjetisches Patent; CSP = Tschechoslowakisches Patent; USP = Amerikanisches Patent; A = Anmeldedatum, O bzw. B. = Tag der Ausgabe der Patent-, Offenlegungs- bzw. Auslegeschrift.

Sektion B. Arbeitsverfahren

B 65. Fördern, Packen, Lagern; Handhaben dünner oder fadenförmiger Werkstoffe

B 65h. Behandeln von dünnem oder fadenförmigem Gut, z. B. Folien, Gewebe, Kabel

CHP 536250. Vorrichtung zur Aufwicklung texturierter Fäden an Texturiermaschinen. Erf.: *Harry Leventer*. Inh.: Heberlein & Co. AG, Wattwil (CH). A. 15. 6. 71. Int. Kl.: B 65h 54/48, D 02g 1/00. A.-Z.: 10982/72 (Teilges. v. Pat. m. A.-Z.: 8693/71). Vgl. auch CHP 536249.

Sektion C Chemie und Metallurgie

CHEMIE

C 01. Anorganische Chemie

C 01b. Nicht-metallische Elemente, Metalloide und ihre Verbindungen, außer den unter C 01c aufgeführten

JAP 7223620. Neuer Kohlenstoffaden. Erf.: *Takashi Ito* u. *Iichiro Kobayashi*. Inh.: Kanebo Co. Ltd. A. 27. 2. 71, B. 13. 10. 72. Kl.: 42 EO. A.-Z.: 7110199.

JAP 7226974. Kohlenstoffäden. Erf.: *Akio Mukai* u. *Takamine Miyazaki*. Inh.: Mitsubishi Chemical Industries, Co. Ltd. A. 2. 5. 70, B. 19. 7. 72. Int. Kl.: C 01b. A.-Z.: 7037742.

JAP 7236461. Kohlenstoffäden. Erf.: *Kenichi Morita*, *Hiroshi Miyaji* u. *Keizo Ono*. Inh.: Toray Industries, Inc. A. 6. 4. 70, B. 13. 9. 72. Int. Kl.: C 01b. A.-Z.: 7028938.

C 03. Glas; Mineral- und Schlackenwolle

C 03b. Herstellung, Formgebung und Nachbehandlungsverfahren

DLP 95920. Verfahren und Vorrichtung zur Herstellung feiner Fasern aus Glas. Erf. u. Inh.: *Gerhard Greiner-Bär*, *Herbert Fölsche*, *Heinz Köhler* u. *Karl Ulbrich*. A. 12. 4. 72, B. 20. 2. 73. Int. Kl.: C 03b 37/06, Kl.: 32a, 37/06. A.-Z.: WP C 03b/162235.

FRP 2144118 (B). Neuartige faserige Elemente mit katalytischer Wirkung. Erf.: *Jean Baujon* u. *Jean-Pierre Kiehl*. Inh.: Société Generale des Produits Refract Aires. A. 1. 7. 71, B. 16. 3. 73. Int. Kl.: B 01j 11/00, C 03b 37/00. A.-Z.: 7124056

C 07. Organische Chemie

C 07c. Acyclische und carbocyclische Verbindungen

CHP 536264. Verfahren zur Herstellung von Terephthalsäure durch katalytische Oxydation von p-Xylol. Erf.: *Giorgio Gualdi*, *Luigi Lugo* u. *Cesare Reni*. Inh.: Società Italiana Resine S.p.A., Via Grazioli 33, Mailand (IT). A. 8. 7. 70. Int. Kl.: C 07c 63/26. A.-Z.: 10349/70. Prior.: 31. 7. 69 (IT; A.-Z.: 20368 A/69). Entspr. DTO 2036865.

JAP 7235415. Durch Umesterung hergestellte Acrylate und Methacrylate. Erf.: *Shigeru Okada*, *Eisaku Kotani* u. *Koji Mizuguchi*. Inh.: Sanyo Chemical Industries, Ltd. A. 5. 6. 67, B. 6. 9. 72. Int. Kl.: C 07c. A.-Z.: 6736137

SUP 372206 (Urheberschein). Verfahren zur Herstellung von Bis-(β-oxyäthyl)terephthalat. Erf.: *N. N. Lebedev*, *V. F. Švec* u. *A. V. Romaškin*. Anm.: Moskovskij Ordena Lenina chimiko-technologičeskij Institut Im. D. I. Mendeleeva. A. 5. 7. 71, B. 1. 3. 73. Int. Kl.: C 07c 69/82. A.-Z.: 1671257/23–4.

C 07d. Heterocyclische Verbindungen, die nur Sauerstoff als Heteroatom oder -atome enthalten

DLP 96234. Verfahren zur Abscheidung von Lactamen. Erf.: *Abraham Hermanus de Rooij*. Inh.: Stamicarbon N. V. (NL). A. 5. 5. 72, B. 12. 3. 73. Kl.: 12p, 5, Int. Kl.: C 07d 41/06. A.-Z.: AP C 07d/162815. Prior.: 7. 5. 71 (NL; A.-Z.: 7106343). Entspr. DTO 2222148 u. FRP 2137621.

DLP 96236. Verbessertes Verfahren zur Herstellung und Gewinnung von Lactamen. Erf.: *Abraham Hermanus de Rooij*. Inh.: Stamicarbon N. V. (NL). A. 5. 5. 72, B. 12. 3. 73. Kl.: 12p, 5, Int. Kl.: C 07d 41/06. A.-Z.: AP C 07d/162817. Prior.: 7. 5. 71, 3. 11. 71 (NL; A.-Z.: 7106341, 7115110). Entspr. FRP 2137622.

DLP 96237. Verfahren zur Herstellung von ε-Caprolactam und C-alkylierten ε-Caprolactamen. Erf. u. Inh.: *Hanswalter Krause*, *Rüdiger Selke*, *Hans-Jörn Kreuzfeld*, *Christian Döbler*, *Christian Bischoff* u. *Ernst Schmitz*. A. 23. 9. 71, B. 12. 3. 73. Kl.: 12p, 5, Int. Kl.: C 07d 41/06. A.-Z.: WP C 07d/157912). Entspr. DTO 2244485.

JAP 7230678. ε-Caprolactam. Erf.: *Yutaka Fujita*, *Tatsuyuki Naruchi* u. *Eishin Yoshisato*. Inh.: Teijin Ltd. A. 15. 3. 71, B. 9. 11. 72. Kl.: 16 E 538.1. A.-Z.: 7114262.

JAP 7230679. ε-Caprolactam. Erf.: *Yutaka Fujita*, *Tatsuyuki Naruchi* u. *Eishin Yoshisato*. Inh.: Teijin Ltd. A. 16. 3. 71, B. 9. 11. 72. Kl.: 16 E 538.1. A.-Z.: 7114627.

SUP 373942 (Urheberschein). Verfahren zum Abtrennen von ε-Caprolactam. Erf.: *Wolfgang Nette*, *Wolfgang Rössler*, *Lothar Breunstdorf*, *Hans-Günther Bergmann* u. 3 weitere. Anm.: VEB Leuna-Werke. A. 24. 11. 70, B. 12. 3. 73. Int. Kl.: C 07d 41/06. A.-Z.: 1496708/23–4.

SUP 373943 (Urheberschein). Verfahren zur Herstellung von ω-Lactamen oder cycloaliphatischen Oximen oder cycloaliphatischen Nitrosoderivaten von Säuren. Erf.: *Luigi Giuffre* u. *Giancarlo Sioli*. Anm.: SNIA-Viscosa S.p.A. (IT). A. 3. 7. 70, B. 12. 3. 73. Int. Kl.: C 07d 41/06, 27/08, C 07c 131/02. A.-Z.: 1446595/23–4. Prior.: 5. 7. 69 (IT; A.-Z.: 19250 A/69). Entspr. DTO 2033122, OEP 306715 u. FRP 2054176.

C 08 Makromolekulare Verbindungen; ihre Herstellung und chemische Verarbeitung; auf diesen Verbindungen beruhende Gemische

C 08b. Polysaccharide und deren Derivate

SUP 373274 (Urheberschein). Mischung für Plaste auf der Basis von Celluloseacetat. Erf.: *I. V. Malinin* u. 4 weitere. A. 1. 9. 69, B. 12. 3. 73. Int. Kl.: C 08b 21/08. A.-Z.: 1359348/23–5.

SUP 373275 (Urheberschein). Verfahren zum Stabilisieren von Celluloseestern. Erf.: *L. N. Malinin, S. V. Vinogradov, V. K. Beljakov* u. *L. A. Skripko*. A. 23. 3. 70, B. 12. 3. 73. Int. Kl.: C 08b 27/68. A.-Z.: 1416580/23–5.

C 08f. Polymerisationsprodukte

OEP 309067. Verfahren zur Polymerisation von α-Olefinen. Inh.: Solvay & Cie., Brüssel (BE). A. 17. 6. 71, B. 15. 11. 72. Kl.: 39b, 12, Int. Kl.: C 08f 1/28. A.-Z.: 5258/71. Prior.: 18. 6. 70 (LU; A.-Z.: 61150). Entspr. DLP 91725, DTO 2123357, FRP 2109618, GBP 1315757 u. SUP 373949.

CHP 536325. Verfahren zur Homo- und Copolymerisation von Äthylen und Polymerisationsreaktor zu dessen Durchführung. Erf.: *Karl-Heinz Imhausen* u. *Friedrich Schöffel*. Inh.: Imhico AG, Talacker 42, Zürich (CH); u. *Karl-Heinz Imhausen*, Hochstraße 8, Lahr (DT). A. 7. 8. 70, Int. Kl.: C 08f 1/06, 3/04, 15/00. A.-Z.: 11949/70. Entspr. DTO 2128134.

GBP 1315770. Verfahren zur Polymerisation und Copolymerisation von Olefinen. Inh.: Solvay & Cie. A. 19. 10. 71, B. 2. 5. 73. Kl.: C3.P, Int. Kl.: C 08f 1/56. A.-Z.: 48523/71. Prior.: 20. 10. 70 (LU; A.-Z.: 61899). Entspr. DLP 92124, DTO 2146687, CHP 533646 u. FRP 2111405.

GBP 1316645. Katalytische Polymerisation von Olefinen. Inh.: Shell Internationale Research Maatschappij N. V. A. 26. 5. 70, B. 9. 5. 73. Kl.: C3.P, Int. Kl.: C 08f 1/42, 3/04. A.-Z.: 25090/70. Entspr. DTO 2125682 u. FRP 2093631.

JAP 7231709. Abtrennung von Acrylnitrilpolymeren aus wäßrigen Polymerisationsschlämmen. Erf.: *Kenji Takeya, Mitsutoshi Okazaki* u. *Kazumi Fukada*. Inh.: Japan Exlan Co. Ltd. A. 17. 6. 69, B. 15. 8. 72. Int. Kl.: C 08f. A.-Z.: 6948198.

GBP 1315455. Verfahren zur Herstellung eines Propylen und ein anderes α-Mono-olefin enthaltenden Polymeren. Inh.: Solvay et Cie. A. 27. 5. 71, B. 2. 5. 73. Kl.: C3.P, Int. Kl.: C 08f 1/42, 1/98. A.-Z.: 17498/71. Prior.: 28. 5. 70 (LU; A.-Z.: 61007). Entspr. CHP 525916 u. FRP 2091602.

SWP 355368. Verfahren zur Herstellung von Acrylemulsionen. Erf.: *S. Ogata* u. *G. Wakabyashi*. Inh.: High Polymer Chemical Industries Ltd. A. 28. 8. 69, B. 16. 4. 73. Int. Kl.: C 08f 1/13. A.-Z.: 11913/69.

CSP 148828. Verfahren zur Suspensionspolymerisation und -copolymerisation von hydrophilen Monomeren. Erf.: *Drahoslav Lím, Jiří Coupek Miroslava Křiváková* u. *Svatopluk Pokorný*. A. 24. 10. 69, B. 23. 8. 72. Kl.: 39c, 25/01, Int. Kl.: C 08f 1/11. A.-Z.: 7050/69. Entspr. DTO 2049894.

SUP 373949 (Urheberschein). Verfahren zur Herstellung von Polyolefinen. Erf.: *Luigi Reginato, Charles Bienfait* u. *Jacques Stevens*. Anm.: Solvay et Cie., (BE). A. 1. 6. 71, B. 12. 3. 73. Int. Kl.: C 08f 3/02, 15/04. A.-Z.: 1664993/23–5. Prior.: 18. 6. 70 (LU; A.-Z.: 61150). Entspr. DLP 91725, DTO 2123357, OEP 309067, FRP 2109618 u. GBP 1315757.

GBP 1313458. Verfahren und Vorrichtung zur Herstellung von Äthylenhomo- und -copolymeren. Inh.: Stamicarbon N. V. A. 24. 11. 71, B. 11. 4. 73. Kl.: C3.P, Int. Kl.: C 08f 1/00. A.-Z.: 54634/71. Prior.: 27. 11. 70, 21. 7. 71 (NL; A.-Z.: 7017347, 7110020). Entspr. DTO 2158568 u. FRP 2116147.

USP 3707530. Verfahren zur Herstellung von Äthylenpolymeren. Erf.: *Benedetto Calcagno, Paolo Colombo* u. *Giovanni Livraghi*. Inh.: Società Italiana Resine S.p.A., Mailand (IT). A. 19. 11. 69, B. 26. 12. 72. Kl.: 260-94,9 E, Int. Kl.: C 08f 1/42, 3/06. 1 Anspr. A.-Z.: 878201. Prior.: 23. 11. 68 (IT; A.-Z.: 24086 A/68). Entspr. DTO 1958585, FRP 2023983 u. GBP 1237207.

DLP 95933. Verfahren für die kationische Polymerisation ungesättigter Verbindungen. Erf.: *Mario Baccaredda, Paolo Giusti, Aldo Priola* u. *Sebastiano Cesca*. Inh.: Snam Progetti S.p.A. (IT). A. 2. 11. 71, B. 20. 2. 73. Int. Kl.: C 08f 15/04. Kl.: 39b4, 15/04. A.-Z.: AP C 08f/162282. Prior.: 3. 11. 70 (IT; A.-Z.: 31303 A/70). Vgl. auch DLP 94068. Entspr. FRP 2113387.

JAP 7236267. Für Fäden geeignete Acrylnitril-Vinylchlorid-Copolymere Erf.: *Zennosuke Suzuki, Isao Ito* u. *Hideji Kitagawa*. Inh.: Toray Industries, Inc. A. 18. 9. 69, B. 12. 9. 72. Int. Kl.: C 08f, D 01j. A.-Z.: 6973606.

JAP 7223487. Acrylnitrilpolymer-Lösungen. Erf.: *Tomiaki Kimura, Yasuhiro Oomura* u. *Seiichi Mukai*. Inh.: Mitsubishi Chemical Industries, Co. Ltd. A. 11. 3. 71, B. 12. 10. 72. Kl.: 26(3)B 171. A.-Z.: 7113338.

USP 3707529. Elastomere Vinylidenfluoridpolymere mit 55 bis 95% nichtionischen Endgruppen. Erf.: *Edward K. Gladding* u. *Jack L. Nyce*. Inh.: E. I. du Pont de Nemours and Co., Wilmington, Del. A. 4. 9. 70, B. 26. 12. 72. Kl.: 260-80,77, Int. Kl.: C 08f 15/06, 15/40. 4 Anspr. A.-Z.: 69900. Entspr. DTO 2143805.

DLP 96489 (Zus. z. Pat. 89243). Verfahren zur Modifizierung von Hochpolymeren, insbesondere von faserförmigen Hochpolymeren, vorzugsweise von naß ersponnenen Polyakrylnitrilfaserstoffen. Erf. u. Inh.: *Wolfgang Bobeth, Adolf Heger, Michael Stephan* u. *Bernd Ihme*. A. 10. 6. 70, B. 20. 3. 73. Kl.: 39b4, 27/00, Int. Kl.: C 08f 27/00. A.-Z.: WP 39b4/148015. Entspr. DTO 2120486.

DTO 2151237. Gepfropfte Äthylenpolymerisate. Erf.: *Heinrich Alberts* u. *Herbert Bartl*. Anm.: Bayer AG, 5090 Leverkusen (DT). A. 14. 10. 71, B. 19. 4. 73. Kl.: 39b4, 27/00, Int. Kl.: C 08f 27/00. A.-Z.: P 2151237.

JAP 7236275. Lösungen von lactonisiertem Polymerem. Erf.: *Yasuo Matsuyama* u. *Kunio Maruyama*. Inh.: Japan Exlan Co. Ltd. A. 6. 10. 69, B. 12. 9. 72. Int. Kl.: C 08f. A.-Z.: 6979763. Entspr. DTO 2049060 u. OEP 304872.

GBP 1314084. Polymermischungen. Inh.: E. I. du Pont de Nemours and Co. A. 29. 4. 70, B. 18. 4. 73. Kl.: C3.P, Int. Kl.: C 08f 1/42, 29/12. A.-Z.: 20643/70. Prior.: 2. 5. 69 (CA; A.-Z.: 050451). Entspr. DTO 2021425.

SWP 356060. Verfahren zur Herstellung von weichgemachten oder steifen Polyvinylchloridprodukten aus suspensionspolymerisiertem Polyvinylchlorid Erf.: *R. Ivermark* u. *E. Mariedahl*. Inh.: Bergviks Hartsprodukter AB, Sandarne (SW). A. 17. 2. 72, B. 14. 5. 73. Int. Kl.: C 08f 29/18. A.-Z.: 1942/72.

SUP 372232 (Urheberschein). Verfahren zur Herstellung von modifiziertem Polypropylen. Erf.: *M. S. Akutin* u. 8 weitere. Anm.: Moskovskij chimiko-technologičeskij Institut Im. D. I. Mendeleeva. A. 15. 12. 70, B. 1. 3. 73. Int. Kl.: C 08f 29/02. A.-Z.: 1498070/23–5.

DLP 96074. Verfahren zur Herstellung von freifließendem Polytetrafluoräthylen-Granulat. Erf. u. Inh.: *Reinhard Neumann, Bernd Köhler, Frank Winkler* u. *Frank Augst*. A. 14. 4. 72, B. 5. 3. 73. Kl.: 39b4, 47/02, Int. Kl.: C 08f 47/02. A.-Z.: WP C 08f/159093.

GBP 1314339. Diester von gemischten aromatischen Säuren und ihre Verwendung als Weichmacher. Inh.: Imperial Chemical Industries Ltd. A. 17. 8. 70, B. 18. 4. 73. Kl.: C2.C, Int. Kl.: C 07c 69/76, C 08f 45/40. A.-Z.: 42710/69. Entspr. FRP 2059283.

C 08g. Polykondensations- und Polyadditionsprodukte

DTO 1795684. Verfahren zur Herstellung von Polymeren. Erf.: *Hisaya Tani, Takeo Araki* u. *Takanobu Aoyagi*. Anm.: Chiyoda Kako Kensetsu K. K., Tokio (JA). A. 29. 3. 66, B. 3. 5. 73. Kl.: 39b5, 1/06, Int. Kl.: C 08g 1/06. A.-Z.: P 1795684 (ausgesch. aus Anm. m. A.-Z.: P 1568265). Prior.: 29. 3. 65 (JA; A.-Z.: 18472/65). Entspr. GBP 1081835.

GBP 1313352. Von Sulfophenylindandicarbonsäure abgeleitete Polyester. Inh.: Goodyear Tire & Rubber Co. A. 1. 10. 70, B. 11. 4. 73. Kl.: C3.R, Int. Kl.: C 08g 17/08, C 07c 143/52. A.-Z.: 46688/70.

JAP 7220291. Polyester mit hoher relativer Molekülmasse. Erf.: *Masana Yanaji, Koichi Kanatsugu, Keizo Sano* u. *Itaru Nakamura*. Inh.: Toray Industries, Inc. A. 18. 2. 71, B. 28. 9. 72. Kl.: 26(5)D 12. A.-Z.: 7171000.

JAP 7223187. Anfärbbare Polyester. Erf.: *Fumio Kobayashi Norio Matsukura* u. *Kunihiko Takagi*. Inh.: Unitika Co. Ltd. A. 7. 8. 68, B. 28. 6. 72. Int. Kl.: C 08g, D 01f. A.-Z.: 6855970.

JAP 7231714. Polyester auf Basis von 2,5-Bis-(p-carboxyphenoxy)alkyl-p-dioxanen. Erf.: *Hisashi Kawamoto*. Inh.: Asahi Chemical Industry Co. Ltd. A. 26. 5. 69, B. 15. 8. 72. Int. Kl.: C 08g, D 01f. A.-Z.: 6940144.

JAP 7232597. Polyester mit Äthylenterephthalatstruktureinheiten. Erf.. *Hirozo Segawa* u. *Kazuo Itoi*. Inh.: Kuraray Co. Ltd. A. 28. 5. 68, B. 19. 8. 72. Int. Kl.: C 08g, B 01j. A.-Z.: 6836240.

JAP 7233514. Anfärbbare Polyester mit Antipilleigenschaften. Erf.: *Masao Mizuno, Keishiro Igi, Akio Yasui* u. *Sunao Sho*. Inh.: Kuraray Co. Ltd. A. 25. 10. 69, B. 25. 8. 72. Int. Kl.: C 08g, k. A.-Z.: 6986681.

JAP 7235791. Borverbindungen enthaltende Katalysatoren zur Polykondensation von Polyestern. Erf.: *Kiyokazu Tsunawaki, Kiyoshi Nawata* u. *Katsuhisa Watanabe*. Inh.: Teijin Ltd. A. 14. 8. 68, B. 8. 9. 72. Int. Kl.: C 08g, B 01j. A.-Z.: 6857865.

JAP 7235796. Germanium und Antimon enthaltende Polyester-Polykondensationskatalysatoren. Erf.: *Takao Ohzeki, Shunichi Takashima, Yutaka Maeda* u. *Ryoichi Kamiya*. Inh.: Mitsubishi Rayon Co. Ltd. A. 31. 8. 68, B. 8. 9. 72. Int. Kl.: C 08g, B 01j. A.-Z.: 6862097.

SUP 372233 (Urheberschein). Verfahren zum Modifizieren von Polyäthylenterephthalat. Erf.: *A. I. Vološin* u. 4 weitere. Anm.: Institut fiziko-organičeskoj Chimii AN Belorusskoj SSR. A. 17. 2. 71, B. 1. 3. 73. Int. Kl.: C 08g 17/14. A.-Z.: 1622803/23–5.

DTO 1795679. Neue Polyamide. Erf.: *Manfred Drawert* u. *Eugen Griebsch*. Anm.: Schering AG, 1000 Berlin u. 4619 Bergkamen (DT). A. 26. 3. 65, B. 26. 4. 73. Kl.: 39b5, 20/20, Int. Kl.: C 08g 20/20. A.-Z.: P 1795679 (Zus. z. Anm. m. A.-Z.: P 1645413; ausgesch. aus Pat. m. A.-Z.: P 1645413).

DTO 2145260. Transparente Polyamide. Erf.: *Ludwig Brinkmann* u. *Walter Herwig*. Anm.: Farbwerke Hoechst AG vorm. Meister Lucius & Brüning, 6000 Frankfurt (DT). A. 10. 9. 71, B. 3. 5. 73. Kl.: 39b5, 20/20, Int. Kl.: C 08g 20/20. A.-Z.: P 2145260.

JAP 7225142. Polyamidkompositionen. Erf.: *Tetsuhiro Kusunose, Noboru Fukuma, Tatsuichi Tsumagi* u. *Takeo Ichikawa*. Inh.: Asahi Chemical Industry Co. Ltd. A. 13. 11. 68, B. 10. 7. 72. Int. Kl.: C 08g, k. A.-Z.: 6882509.

JAP 7226193. Herstellung von Pfropfcopolymeren. Erf.: *Shitomi Katayama*. Inh.: Denki Onkyo Co. Ltd. A. 24. 6. 68, B. 15. 7. 72. Int. Kl.: C 08g, D 01f. A.-Z.: 6843446.

JAP 7230309. Durch Ringöffnungspolymerisation hergestelltes Polyamidimin. Erf.: *Yutaka Terada*. Inh.: Sumitomo Chemical Co. Ltd. A. 7. 8. 69, B. 7. 8. 72. Int. Kl.: C 08g, C 07d. A.-Z.: 6962706.

SWP 356304. Herstellung von säurestabilisiertem Polyamidharz durch Reaktion von Polyalkylenpolyamin und gesättigter aliphatischer Dicarbonsäure mit anschließender Umsetzung mit Epichlorhydrin. Erf.: *R. H. Earle jr*. Inh.: Hercules Inc. A. 30. 10. 67, B. 21. 5. 73. Int. Kl.: C 08g 20/38. A.-Z.: 14851/67.

USP 3707522 (ausgesch. aus Pat. 3583949. A. 27. 6. 68. A.-Z.: 740762; u. Zus. z. Pat. 3557544. A. 9. 3. 67. A.-Z.: 621867).
Polyamidkomposition und Verfahren. Erf.: *Frank Holmes Simons*. Inh.: Fiber Industries, Inc. A. 8. 4. 71, B. 26. 12. 72. Kl.: 260-37 N, Int. Kl. C 08g 20/20, 51/04. 2 Anspr. A.-Z.: 132304.

FRP 2145379 (B). Neue polyurethanhaltige Polymere. Erf.: *Julian Luna de Prada*. Inh.: Ugine Kuhlmann. A. 12. 7. 71, B. 23. 3. 73. Int. Kl.: C 08g 22/00. A.-Z.: 7125418. Entspr. DTO 2231785.

GBP 1313741. Thermisch reversible Polymere. Inh.: Imperial Chemical Industries Ltd. A. 24. 4. 70, B. 18. 4. 73. Kl.: C3.R, Int. Kl.: C 08g 22/08. A.-Z.: 24774/69. Entspr. DTO 2023697 u. USP 3684769.

POP 68087. Verfahren zur Erzeugung von Urethanelastomeren mit hohen Elastizitäten. Erf.: *Wiesław Olczyk, Ignacy Demiańczuk, Mieczysław Kowalski* u. *Władysław Skwarcz*. Inh.: Instytut Przemysłu Organicznego, Warschau (PO). A. 7. 12. 68, B. 30. 12. 72. Kl.: 39b5, 22/04, Int Kl.: C 08g 22/04. A.-Z.: 130480.

JAP 7232582. Modifizierung von Äthylenoxidpolymeren mit Schwefeldioxid. Erf.: *Teruhiko Ito, Tadashi Mitsui, Seiichiro Maseda, Fumio Moriya, Morio Nakamura* u. *Akira Seki*. Inh.: Seitetsu Chemical Industry Co. Ltd. A. 30. 5. 68, B. 19. 8. 72. Int. Kl.: C 08g. A.-Z.: 6836858.

POP 68773. Verfahren zur Erzeugung verzweigter, halogenhaltiger Polyäther. Erf.: *Tadeusz Śniezek, Edward Grzywa, Jerzy Wojciechowski* u. *Renata Paruzel*. Inh.: Instytut Ciezkiej Syntezy Organicznej Blachownia Śląska (PO). A. 24. 2. 68, B. 28. 2. 73. Kl.: 39b5, 23/00, Int. Kl.: C 08g 23/00. A.-Z.: 125435.

POP 68782. Verfahren zur Erzeugung verzweigter Polyäther. Erf.: *Tadeusz Śniezek, Włodzimierz Montewski, Jerzy Wojciechowski* u. *Helena Gniadowska*. Inh.: Instytut Ciezkiej Syntezy Organicznej, Blachownia Śląska (PO). A. 17. 2. 69, B. 28. 2. 73. Kl.: 39b5, 23/14, Int. Kl.: C 08g 23/14. A.-Z.: 131788.

POP 69168 (Zus. z. Pat. 58921). Verfahren zur Erzeugung verzweigter Polyäther. Erf.: *Tadeusz Śniezek, Ewa Andrysiak, Włodzimierz Montewski, Helena Gniadowska* u. *Jerzy Wojciechowski*. Inh.: Instytut Ciezkiej Syntezy Organicznej, Blachownia Śląska (PO). A. 6. 11. 70, B. 28. 2. 73. Kl.: 39b5, 23/14, Int. Kl.: C 08g 23/14. A.-Z.: 144285.

SUP 372234 (Urheberschein). Verfahren zur Herstellung von aromatischen Polyäthern. Anm.: Institut élementoorganičeskich Soedinenij AN SSSR. A. 15. 3. 71, B. 1. 3. 73. Int. Kl.: C 08g 23/00. A.-Z.: 1632715/23–5.

JAP 7230313. Verarbeitbares Poly(tolylen-1,3,4-oxadiazol). Erf.: *Shigeyoshi Hara* u. *Moriya Uchida*. Inh.: Teijin Ltd. A. 8. 8. 69, B. 7. 8. 72. Int. Kl.: C 08g. A.-Z.: 6962672.

JAP 7232832. Polymerisation von α-Piperidon. Erf.: *Hisaya Tani* u. *Takeshi Kohi*. Inh.: Toyo Spinning Co. Ltd. A. 22. 5. 63, B. 22. 8. 72. Int. Kl.: C 08g. A.-Z.: 6326971.

POP 68270. Verfahren zur Erzeugung flüssiger modifizierter organischer Polysulfide. Erf.: *Piotr Penczek* u. *Henryk Staniak*. Inh.: Instytut Chemii Przemysłowej, Warschau (PO). A. 9. 10. 67, B. 30. 12. 72. Kl.: 39b5, 33/00, Int. Kl.: C 08g 33/00. A.-Z.: 138282.

JAP 7220289. Formaldehydpolymere. Erf.: *Hisao Sawada*, *Yahiko Toriuchi* u. *Misato Horie*. Inh.: Sumitomo Chemical Co. Ltd. A. 17. 2. 71, B. 23. 9. 72. Kl.: 26(5) B 1. A.-Z.: 717586.

POP 68792. Verfahren zur Erzeugung eines modifizierten Furfurylharzes. Erf.: *Janusz Kozakiewicz*, *Mieczysław Maciejewski* u. *Stanisław Porejko*. Inh.: Politechnika Warszawska, Warschau (PO). A. 22. 4. 70, B. 28. 2. 73. Kl.: 39b5, 37/38, Int. Kl.: C 08g 37/38. A.-Z.: 140199.

SUP 373283. (Urheberschein). Thermoplastische Formmasse. Erf.: *M. V. Cebrenko* u. 5 weitere. Anm.: Kievskij technologičeskij Institut legkoj Promyšlennosti. A. 2. 3. 71, B. 12. 3. 73. Int. Kl.: C 08g 37/02. A.-Z.: 1629936/23–5.

DLP 96242. Polyäthylenterephthalat-Formmassen und Verfahren zu deren Herstellung. Erf. u. Inh.: *Heinz Hofmann* u. *Helmut Leibner*. A. 18. 2. 72, B. 12. 3. 73. Kl.: 39b5, 39/10, Int. Kl.: C 08g 39/10. A.-Z.: WP C 08g/160953.

JAP 7232430. Brombenzole enthaltende flammfeste Polyesterkompositionen. Erf.: *Kiyoshi Takizawa*, *Masayuki Osugi*, *Akira Yanagimasa*, *Masanori Kakinami* u. *Chikara Sano*. Inh.: Toray Industries, Inc. A. 27. 4. 70, B. 19. 8. 72. Int. Kl.: C 08g, k. D 01f. A.-Z.: 7035674.

GBP 1316142. Antibakterielle Kompositionen. Inh.: Ciba-Geigy (UK) Ltd. A. 19. 4. 71, B. 9. 5. 73. Kl.: A5.E, Int. Kl.: A 01n 9/26, C 08g 41/02. A.-Z.: 4460/70.

JAP 7230099. Polyesterkompositionen. Erf.: *Takeo Shima*, *Akiharu Kawase*, *Masataka Ohshima*, *Shiro Shimauchi* u. *Kunihiro Minemura*. Inh.: Teijin Ltd. A. 11. 4. 69, B. 5. 8. 72. Int. Kl.: C 08g, k. A.-Z.: 6928101.

JAP 7227778. Färben von Polyestern. Erf.: *Kazuya Chimura* u. *Yasua Nakamura*. Inh.: Mitsubishi Rayon Co. Ltd. A. 2. 10. 69, B. 24. 7. 72. Int. Kl.: C 08g, k. A.-Z.: 6978136.

JAP 7227779. Färben von Polyestern. Erf.: *Yasuo Tezuka*, *Kaneo Yokoyama* u. *Noboru Akamatsu*. Inh.: Sumitomo Chemical Co. Ltd. A. 29. 10. 69, B. 24. 7. 72. Int. Kl.: C 08g, k, D 01f. A.-Z.: 6987111.

C 08j. Allgemeine Herstellungs- und Verarbeitungsverfahren

CHP 536341. Verfahren zur Herstellung farbiger Formkörper aus hochpolymeren vollsynthetischen Kunstharzen. Erf.: *Jacques Wegmann*. Inh.: Ciba-Geigy AG, Basel (CH). A. 3. 9. 70. Int. Kl.: C 08j 1/08, D 01f 1/06. A.-Z.: 18045/69. Entspr. DLP 87174 u. FRP 2072866.

C 08k. Zusatzstoffe für allgemeine Anwendung

CHP 536342. Verwendung von neuen Styryltriazolen zum optischen Aufhellen von organischen Materialien. Erf.: *Reinhard Zweidler*, *Guglielmo Kabas*, *Hans Schläpfer* u. *Ian John Fletcher*. Inh.: Ciba-Geigy AG, Basel (CH). A. 11. 12. 70. Int. Kl.: C 08k 1/75. A.-Z.: 18366/70.

Sektion D Textilien und Papier

TEXTILIEN

D 01 Natürliche oder künstliche Fäden oder Fasern; Spinnen

D 01c. Chemische Behandlung von natürlichen fadenförmigen oder faserigen Stoffen zur Gewinnung von Fäden oder Fasern zum Verspinnen; Karbonisieren von Lumpen zur Rückgewinnung tierischer Fasern

FRP 2145880 (A). Produkt zum Entbasten von Naturseide und zum Entfetten von Textilfaserstoffen. Inh.: *Raymond Machon*, *Jean Flechet* u. *Etielle Hugo*. A. 9. 7. 71, B. 23. 3. 73. Int. Kl.: D 01c 3/00, C 11d 9/00, D 061 1/00. A.-Z.: 7126257 (Zus. z. Anm. m. A.-Z.: 26402. A. 1. 8. 69).

D 01d. Mechanische Verfahren und Vorrichtungen für die Herstellung von künstlichen Fäden, Gespinsten, Fasern, Borsten oder Bändern

GBP 1313333. Spinnverfahren und Spinndüsenpackung für das Verfahren. Inh.: Toray Industries Inc. A. 8. 7. 70, B. 11. 4. 73. Kl.: B5.B, Int. Kl.: D 01d 1/10, B 01d 35/02. A.-Z.: 33154/70.

GBP 1313141. Faseranordnung und ihre Herstellung. Inh.: Monsanto Chemicals Ltd. A. 14. 10. 69, B. 11. 4. 73. Kl.: B5.B, Int. Kl.: D 01d 3/00, B 29d 7/24. A.-Z.: 50294/69.

DTO 2152435. Oberflächenbehandelte Faser. Erf. u. Anm.: *Jürgen Hüter*, 5000 Köln (DT). A. 21. 10. 71, B. 26. 4. 73. Kl.: 29a, 6/06, Int. Kl.: D 01d 5/00. A.-Z.: P 2152435.

FRP 2148450 (B). Verfahren zur Herstellung von Fasern. Inh.: Solvay & Cie. A. 1. 8. 72, B. 27. 4. 73. Int. Kl.: D 01f 7/00, 1/00, D 01d 5/00. A.-Z.: 7227780. Prior.: 6. 8. 71 (LU; A.-Z.: 63680). Entspr. DTO 2237203.

JAP 7231378. Acrylverbundfaserstoffe mit erhöhter Dimensionsstabilität. Erf.: *Yasushi Shiro*, *Hiroyuki Izuko*, *Shigeru Kikuchi* u. *Kobundo Ono*. Inh.: Mitsubishi Rayon Co. Ltd. A. 9. 1. 69, B. 14. 8. 72. Int. Kl.: D 01f. A.-Z.: 692469.

DTO 1966565. Beheizbarer Spinnbalken zum Erzeugen von Endlosfäden aus synthetischem Polymerem. Erf.: *Erich Lenk* u. *Theodor Krawszik*. Anm.: Barmag Barmer Maschinenfabrik AG, 5600 Wuppertal (DT). A. 19. 2. 69, B. 19. 4. 73. Kl.: 29a, 6/31, 6/10, Int. Kl.: D 01d 13/02, 3/00. A.-Z.: P 1966565 (ausgesch. aus Pat. m. A.-Z.: P 1908207, DTO 1908207). A.-Z.: P 1908207 entspr. DLP 81426, CHP 498209, FRP 2035613 u. GBP 1282331.

DTO 2151537. Vorrichtung zur Handhabung unverzogen gesponnenen Garnes in einer synthetische Garne herstellenden Spinnerei. Erf.: *Kinyu Ishida*. Anm.: Teijin Ltd., Tokio (JA). A. 15. 10. 71, B. 19. 4. 73. Kl.: 29a, 6/31, Int. Kl.: D 01d 13/00, D 02j 11/00. A.-Z.: P 2151537.

D 01f. Chemische Gesichtspunkte bei der Herstellung von künstlichen Fäden, Gespinsten, Fasern, Borsten oder Bändern

FRP 2149020 (B). Verfahren zur Herstellung glänzender Fäden. Erf.: *Pierre Allard* u. *Francois Buisson*. Inh.: Société Rhodiaceta. A. 12. 8. 71, B. 27. 4. 73. Int. Kl.: D 01f 1/00. A.-Z.: 7129799. Entspr. DTO 2239651.

JAP 7223897. Antistatische flammfeste Polyamidfaserstoffe. Erf.: *Masaaki Yamamoto*, *Akira Hanawa*, *Toshimi Shibata* u. *Tomoaki Sasaki*. Inh.: Unitika Co. Ltd. A. 26. 2. 68, B. 8. 7. 72. Int. Kl.: C 08g, k, D 01f. A.-Z.: 6812134.

JAP 7227138. Flammfeste Polyesterkompositionen. Erf.: *Tsutomu Ohhira* u. *Iwao Shiraishi* Inh.: Toray Industries, Inc. A. 22. 9. 69, B. 20. 7. 72. Int. Kl.: C 08g, k, D 01f. A.-Z.: 6974598.

JAP 7236490. Polyesterkompositionen. Erf.: *Takeo Shima*, *Akiharu Kawase*, *Kogen Oh* u. *Masataka Ohshima*. Inh.: Teijin Ltd. A. 4. 2. 70, B. 13. 9. 72. Int. Kl.: C 08g, k. A.-Z.: 709695.

GBP 1316259. Bikomponentfäden. Inh.: Imperial Chemical Industries Ltd. A. 17. 7. 70, B. 9. 5. 73. Kl.: B5.B, Int. Kl.: D 01f 7/28, D 02g 3/02. A.-Z.: 37789/69. Entspr. DTO 2037431.

JAP 7223618. Acrylfaserstoffe mit verbesserter Transparenzretention und Anfärbbarkeit. Erf.: *Mitsunori Nishida*, *Hideji Kitagawa* u. *Hisashi Kiso*. Inh.: Toray Industries, Inc. A. 8. 3. 71, B. 13. 10. 72. Kl.: 42D 24, 25(1) C 17. A.-Z.: 7111789.

JAP 7223619. Acrylnitrilfaserstoffe. Erf.: *Yoshihige Fujii*, *Hiroyoshi Tanaka*, *Susumu Nomura* u. *Eiji Mukoyama*. Inh.: Toray Industries, Inc. A. 10. 3. 71, B. 13. 10. 72. Kl.: 42 D 24, 25(1) C 17. A.-Z.: 7112467.

JAP 7231373. Polyesterfaserstoffe mit Antipilling-Eigenschaften. Erf.: *Takaaki Tsuji*. Inh.: Kuraray Co. Ltd. A. 25. 3. 69, B. 14. 8. 72. Int. Kl.: D 01f, C 08g, k. A.-Z.: 6923992.

JAP 7232142. Polyvinylalkoholfaserstoffe. Erf.: *Seiichi Kobayashi*, *Akio Mizobe* u. *Tomoo Sahaku*. Inh.: Kuraray Co. Ltd. A. 25. 11. 69, B. 17. 8. 72. Int. Kl.: D 01f. A.-Z.: 6994789.

JAP 7236815. Gekräuselte Polypropylenfäden. Erf.: *Tatsuki Matsuo* u. *Shoyu Nanri*. Inh.: Toyobo Co. Ltd. A. 14. 10. 68, B. 16. 9. 72. Int. Kl.: D 01f. A.-Z.: 682511.

JAP 7237212. 2-(Dimethylamino)äthylmethacrylat enthaltende gekräuselte Polypropylenverbundfäden. Erf.: *Tatsuki Matsuo* u. *Michio Fujisawa*. Inh.: Toyo Spinning Co. Ltd. A. 16. 12. 69, B. 19. 9. 72. Int. Kl.: D 01f. A.-Z.: 69101534.

SUP 373334. (Urheberschein). Verfahren zur Entfernung niedermolekularer Verbindungen. Erf.: *E. I. Kameneckij* u. 4 weitere. A. 24. 7. 70, B. 12. 3. 73. Int. Kl.: D 01f 7/06. A.-Z.: 1465503/23–5.

DO 2 Garne; mechanische Veredlung von Garnen oder Seilen; Schären oder Bäumen

D 02g. Kräuseln oder Krimpfen (Texturieren) von Fasern, Fäden, Zwirnen oder Garnen; Garne oder Zwirne

CHP 535297. Vorrichtung zum Texturieren von thermoplastischen Fäden durch Falschdraht. Erf.: *Erich Arpad Marton*. Inh.: DSO „Rila“, Zar-Samuil-Straße 119, Sofia (BG). A. 7. 7. 72, Int. Kl.: D 02g 1/04. A.-Z.: 10231/72. Prior.: 13. 6. 71 (BG; A.-Z.: 18054). Entspr. DTO 2234282 u. FRP 2146034.

FRP 2146034 (B). Vorrichtung zur Erteilung einer Falschdrahttexturierung für Thermoplastfäden. Erf.: *Erich Arpad Marton*. Inh.: DSO „Rila“. A. 12. 7. 72, B. 23. 3. 73. Int. Kl.: D 02g 1/00. A.-Z.: 7225275. Prior.: 13. 7. 71 (BG; A.-Z.: 18054). Entspr. CHP 535297 u. DTO 2234282.

FRP 2146784 (B). Verfahren und Vorrichtung zur Zahnradkräuselung von Fäden. Inh.: Akzo N. V. A. 17. 7. 72, B. 6. 4. 73. Int. Kl.: D 02g 1/00. A.-Z.: 7225741. Prior.: 17. 7. 71 (NL; A.-Z.: 7109912). Entspr. DTO 2232742.

USP 3605221. Stauchkammertexturieren und Verfahren dafür. Erf.: *Jack C. Binford*, *Fredrick A. Ethridge*, *James R. Talbot* u. *Deryk W. Harrison*. Inh.: Fiber Industries, Inc. A. 8. 8. 69, B. 20. 9. 71. Kl.: 28-1,6, Int. Kl.: D 02g 1/12. 12 Anspr. A.-Z.: 848495. Entspr. DTO 2039328.

USP 3605222. Variabler Friktionsantrieb für eine Stauchtexturiervorrichtung. Erf.: *Charles R. Cabello*. Inh.: Joseph Bancroft & Sons Co., Wilmington, Del. (US). A. 3. 10. 69, B. 20. 9. 71. Kl.: 28-1,7, Int. Kl.: D 02g 1/12. 11 Anspr. A.-Z.: 863514. Entspr. DTO 2047941 u. CHP 529855.

USP 3605224. Texturierverfahren. Erf.: *Jesse L. Riley*, *William John Robert* u. *Walter C. Zybko*. Inh.: Celanese Corp., New York, N. Y. (US). A. 28. 7. 69, B. 20. 9. 71. Kl.: 28-72,1, Int. Kl.: D 02g 1/00. 22 Anspr. A.-Z.: 845503.

USP 3707024. Verfahren zum elektrostatischen Bauschen und Imprägnieren von Stapelfasergarnen. Erf.: *Mayer Mayer jr.* u. *Albert Baril jr.* Inh.: The United States of America, United States Department of Agriculture. A. 31. 3. 71, B. 26. 12. 72. Kl.: 28-75 WT, Int. Kl.: D 02g 1/00, D 02j 1/20, D 06m 13/00. 3 Anspr. A.-Z.: 129735.

USP 3603071. Cord für die Verstärkung von Reifen. Erf.: *Kevin B. O'Neil*, *Cameron R. Fraser* u. *Paul E. Helms jr.* Inh.: The Goodyear Tire & Rubber Co., Akron, Ohio (US). A. 22. 4. 70, B. 7. 9. 71. Kl.: 57-140 BY. 10 Anspr. A.-Z.: 30973.

D 02j. Veredeln oder Ausrüsten von Fäden, Garnen, Zwirnen, Schnüren, Seilen od. dgl.

DLP 95904. Verfahren und Vorrichtung zur Kontrolle der verbesserten Laufeigenschaften eines Fadenverbandes. Erf. u. Inh.: *Gerd Gabler*, *Günter Schroth*, *Wilfried Olzog*, *Dieter Rieger* u. *Günter Köhler*. A. 30. 3. 72, B. 20. 2. 73. Int. Kl.: D 02j 1/14. Kl.: 29a, 6/08. A.-Z.: WP D 02j/161920.

DLP 96517. Verfahren zum Fixieren von PVC-Borsten. Erf. u. Inh.: *Erich Tröger*, *Christian Kirchhof*, *Günter Czeck* u. *Heinz Herklotz*. A. 5. 4. 72, B. 20. 3. 73. Kl.: 29a, 6/08, Int. Kl.: D 02j 1/22. A.-Z.: WP D 02j/162065.

DTO 2149793. Verfahren zur Reckung eines Kabels aus Polyesterfäden. Erf.: *Karlheinz Riggert*, *Willy Zahn*, *Bernhard Jantzen*, *Rolf Sander* u. *Dietmar Wandel*. Anm.: Dave-Ashmore AG, 6000 Frankfurt (DT). A. 6. 10. 71, B. 19. 4. 73. Kl.: 29a, 6/31, Int. Kl.: D 02j 1/22. A.-Z.: P 2149793.

FRP 2147593 (B). Verfahren zur Herstellung der „Flammierung“ von Garnen und Vorrichtung zur Durchführung des Verfahrens. Erf.: *Massimo Ghidelli*. Inh.: Radici Materassi. S.p.A. A. 12. 7. 72, B. 13. 4. 73. Int. Kl.: D 02j 1/00. A.-Z.: 7225790. Prior.: 28. 7. 71 (IT; A.-Z.: 7788 A/71).

JAP 7228218. Gleichmäßiges Recken von Polyesterfaserstoffen. Erf.: *Seishiro Inoue*. Inh.: Toray Industries, Inc. A. 16. 2. 71, B. 31. 10. 72. Kl.: 42 D 12. A.-Z.: 716598.

DTO 2250398. Verfahren zum Zuspitzen der Enden von synthetischen Fasern. Erf.: *Norio Yamada* u. *Yoshiharu Awaji*. Anm.: Pentel K. K., Tokio (JA). A. 13. 10. 72, B. 19. 4. 73. Kl.: 29a, 6/06, 8k, 1/40, Int. Kl.; D 02j 3/00, D 06m 15/00. A.-Z.: P 2250398. Prior.: 15. 10. 71 (JA. A.-Z.: 46/80982).

DTO 2143775. Vorrichtung zur Wärmebehandlung von synthetischem Fasergarn. Erf. u. Anm.: *Nobuhisa Kodaira*, Mitaka, Tokio (JA). A: 1. 9. 71, B. 19. 4. 73. Kl.: 29a, 6/31, Int. Kl.: D 02j 13/00. A.-Z.: P 2143775.

PAPIER

D 21 Papierherstellung; Gewinnung von Cellulose bzw. Zellstoff

D 21c. Gewinnung von Cellulose durch Abscheiden nichtcelluloseartiger Substanzen von cellulosehaltigen Stoffen; Wiedergewinnung der Zellstoffablaugen; Vorrichtungen dafür

SUP 372305 (Urheberschein). Verfahren zur Herstellung von Zellstoff. Erf.: *N. S. Imenitov, G. E. Gal'per, I. E. Arakin* u. *Ju. N. Efremov*, Anm.: Vsesojuznyj naučno-issledovatel'skij Institut celljulozno-bumažnoj Promyšlennosti. A. 22. 2. 71, B. 1. 3. 73. Int. Kl.: D 21c 3/22. A.-Z.: 1626459/23-4.

SUP 372306 (Urheberschein). Verfahren zur Zellstoffbleiche. Erf.: *G. L. Akim, E. A. Fedorova* u. *V. M. Nikitin*. Anm.: Vsesojuznyj naučno-issledovatel'skij Institut celljulozno-bumažnoj Promyšlennosti. A. 22. 2. 71, B. 1. 3. 73. Int. Kl.: D 21c 9/10. A.-Z.: 1626458/23-4.

USP 3707437. Aufschluß und Bleiche von Holzschnitzeln in einer Stufe mit tert.-Butylhydroperoxid. Erf.: *Robert M. Lincoln* u. *Joseph A. Meyers III*. Inh.: Atlantic Richfield Co., Philadelphia, Pa. A. 24. 7. 70, B. 26. 12. 72. Kl.: 162-78, Int. Kl.: D 21c 9/16. 5 Anspr. A.-Z.: 58198. Vgl. auch USP 3141859. Entspr. DTO 2128723 u. FRP 2100243.

Sektion G Physik

G 01 Messen; Prüfen

G 01n. Untersuchungen der chemischen oder physikalischen Eigenschaften von Stoffen

POP 68328. Vorrichtung zum Belasten von Abpreßwalzen in Laborapparaten. Erf.: *Aleksander Knorr*. Inh.: Instytut Włókiennictwa, Łódź (PO). A. 1. 4. 70, B. 30. 12. 72. Kl.: 42k, 50, Int. Kl.: G 01n 3/00. A.-Z.: 139786.

DTO 2152935. Verfahren und Vorrichtung zum selbsttätigen Messen des Titers von Fäden. Erf. nicht genannt. Anm.: Schubert & Salzer Maschinenfabrik AG, 8070 Ingolstadt (DT). A. 23. 10. 71, B. 26. 4. 73. Kl.: 42k, 50, Int. Kl.: G 01n 33/36, G 01b 5/10. A.-Z.: P 2152935.

DTO 2152984. Prüfgerät zum Prüfen von Fäden, Garnen u. dgl. Erf. nicht genannt. Anm.: Schubert & Salzer Maschinenfabrik AG, 8070 Ingolstadt (DT). A. 23. 10. 71, B. 26. 4. 73. Kl.: 42k, 50, Int. Kl.: G 01n 33/36. A.-Z.: P 2152984.

POP 68022. Verfahren zur Bestimmung der Wickelhärte von Fäden in Spulen. Erf.: *Andrzej Kaczmarek, Paweł Suski, Witold Grabowski* u. *Jerzy Wróbel*. Inh.: Łódzkie Zakłady Prototypów Maszyn i Urządzeń Przemysłu Lekkiego „Protomet", Łódź (PO). A. 1. 7. 70, B. 30. 12. 72. Kl.: 42k, 50, Int. Kl.: G 01n 33/36. A.-Z.: 141746.

Literaturschau

Auszug aus Lieferung 16 und 17/1973 der Literaturschau „Faserstoffe und Textiltechnik", zusammengestellt von der Abteilung Information und Dokumentation des Instituts für Polymerenchemie der AdW der DDR, 153 Teltow-Seehof, Kantstr. 55

I. Wissenschaftliche Grundlagen

Kurenkov, V. F., Kuznecov, E. V., Mjagčenkov, V. A.: Getrennte polarographische Bestimmung von Acrylamid und Styrol in Copolymeren. Ž. anal. Chimii (Z. analyt. Chemie) **28** (1973) 6, S. 1236–1238.

Allgemeines

(Untersuchungsmethoden u. a.)

Hammers, W. E., De Ligny, C. L., Vaas L. H.: Thermodynamik von n-Alkan-Systemen und die Lösungstheorien von Flory und Prigogine. J. Polymer Sci.: Polymer Physics **11** (1973) 3, S. 499–510.

Physik und Chemie der Hochpolymeren

Watterson, J. G.: Logarithmische normale Verteilungsfunktion. J. macromol. Sci., A: Chemistry **5** (1971) 5, S. 1007–1009.

Yamakawa, H., Fujii, M.: Binäre Clusterintegrale in der Theorie der verdünnten Polymerlösungen. J. chem. Physics **58** (1973) 4 (Teil 2), S. 1523–1528.

Ladizesky, N. H., Ward, I. M.: Bestimmung des Poisson-Verhältnisses und des Young-Moduls von Polyäthylen niederer Dichte. J. macromol. Sci., B: Physics **5** (1971) 4, S. 661–692.

Das, N., Palit, S. R.: Viskositätsuntersuchungen an Polyäthylen in einer Co-Lösungsmittelmischung, die aus zwei Nichtlösungsmitteln besteht. J. Polymer Sci.: Polymer Chem. **11** (1973) 5, S. 1025–1033.

Parmentier, J.: Sauerstoffempfindlichkeit von Zelluloselösungen für Viskositätsmessungen. Textilveredlung, Weinfelden/Schweiz **8** (1973) 4, S. 217–220. (dt. mit engl. Zusammenfass.).

Ilavský, M.: Einfluß der Bezugskettenabmessungen auf die viskoelastische Doppelbrechung von Polymernetzwerken. Coll. czechoslov. chem. Commun. **38** (1973) 6, S. 1771–1774.

Sobotka, Z.: Verschiedene Arten zweidimensionaler rheologischer Modelle. J. macromol. Sci., B: Physics **5** (1971) 2, S. 393–414.

Panke, D., Wunderlich, W.: Bestimmung des freien Volumens von Polymethylmethacrylat aus Dichtemessungen. Makromol. Chemie **167** (1973) S. 351–352.

Fels, M., Huang, R. Y. M.: Theoretische Interpretation des Einflusses der Mischungszusammensetzung auf die Trennung von Flüssigkeiten in Polymeren. J. macromol. Sci., B: Physics **5** (1971) 1, S. 89–109.

Rogers, C. E., Sternberg, S.: Transport durch permeationsselektive Membranen. J. macromol. Sci., B: Physics **5** (1971) 1, S. 189–206.

Timofeeva, G. I., Koršak, V. V., Pavlova, S. A., Cejtlin, G. M., Zabel'nikov, N. S., Krištul, K. A.: Hydrodynamische Eigenschaften und Verteilung der relativen Molekülmassen von Poly-2,2'-(4'4-diphenylenphthalid)-5,5'-dibenzoxazoloxid. Vysokomol. Soed. (Hochmol. Verbind.) Serie B: Kratkie Soobšč. (Kurzmitt.) **15** (1973) 6, S. 428–433.

Sobiczewski, Z.: Gas- und Dampfdurchlässigkeit von in Polen aus Thermoplasten hergestellten Folienarten. Polimery, Warszawa **18** (1973) 4, S. 196–198.

Yamakawa, H., Yamaki, J.: Anwendung der Kirkwood-Theorie für Transportvorgänge in Polymerlösungen auf steife, körnige Gefüge. J. chem. Physics **58** (1973) 5, S. 2049–2055.

Ageev, A. I., Načinkin, O. I., Pozdnjakova, D. Ja., Ruban, I. G., Smirnov, A. F., Sorokin, O. S.: Über die Verteilung der relativen Molekülmassen in Copolyamiden auf der Basis von Isophthalsäure und m- und p-Phenylendiamin. Ž. prikl. Chimii (Z. angew. Chemie) **46** (1973) 5, S. 1153–1154.

Motorina, M. A., Kalinina, L. S., Metelkina, E. I.: Spektrophotometrische Bestimmung von Hydroxylendgruppen in einigen Polymeren. Plast. Massy, Moskva (Plast. Massen) (1973) 6, S. 74–75.

Hert, M., Strazielle, C.: Bestimmung des Brechungsindexinkrements dn/dc von Polymerlösungen in Lösungsmittelgemischen. Beziehung zwischen dn/dc und dem spezifischen partiellen Volumen des Polymeren. European Polymer J. (1973) 6, S. 543–557. (franz.).

Pšenicyna, V. P., Kazarjan, L. G., Lur'e, E. G.: Dichroismus-Inversion in Polyimiden auf der Basis von 3,3',4,4'-Tetracarbonsäuredianhydriddiphenyläther und 4,4'-Diaminodiphenyläther. Vysokomol. Soed. (Hochmol. Verbind.) Serie B: Kratkie Soobšč. (Kurzmitt.) **15** (1973) 6, S. 403–404.

David, C., Piens, M., Geuskens, G.: Energieübertragung in Polymeren. VI. Singlett-Energieübertragung in festem Polystyrol und Methylacrylat-Styrol-Copolymerem. European Polymer J. **9** (1973) 6, S. 533–541.

Tsuji, K., Nagata, H.: ESR-Untersuchung von mit UV-Licht bestrahltem Polyäthylen: Einfluß der Kristallinität. J. Polymer Sci.: Polymer Chem. **11** (1973) 4, S. 897–900.

Reich, S., Raziel, S., Michaeli, I.: ESR-Untersuchung der Relaxation von $[Cr(H_2O)_6]^{3+}$ und $[Mn(H_2O)_6]^{2+}$ in Polyacrylnitril im glasartigen und kautschukartigen Zustand. J. physic. Chem. **77** (1973) 11, S. 1378–1384.

Krishnamurthy, S., McIntyre, D., Santee, E. R., jr., Wilson III, C. W.: KMR von in ultradünnen und dicken Celluloseacetatmembranen gelöstem Wasser. J. Polymer Sci.: Polymer Physics **11** (1973) 3, S. 427–448.

Lukovkin, G. M., Pšeżeckij, V. S., Murtazaeva, G. A. (Schreibw. i. Orig.: *Pshezhetsky, V. S.*): KMR-Kohlenstoff-13 Untersuchung der Struktur des Polyäthylenimins. European Polymer J. **9** (1973) 6, S. 559–565.

Pham, Q. T., Guzman-Perote, J., Guillot, J.: KMR-Spektren hoher Auflösung von Homopolymeren und Copolymeren von Glycidylacrylat mit Vinylchlorid. European Polymer J. **9** (1973) 7, S. 645–648. (franz.).

Hashimoto, T., Prud'homme, R. E., Keedy, D. A., Stein, R. S.: Dynamische Lichtstreuung von Polyäthylen. I. Einleitung und experimentelle Verfahren. J. Polymer Sci.: Polymer Physics **11** (1973) 4, S. 693–708.

Starkweather, H. W., jr.: Innere Bewegungen in einem alternierenden Äthylen-Tetrafluoräthylen-Copolymeren. J. Polymer Sci.: Polymer Physics **11** (1973) 3, S. 587–593.

Dobb, M. G., Millward, G. R., Crewther, W. G.: Elektronenmikroskopische Untersuchung von S-Carboxymethylkeratin-A und einer helixreichen Fraktion, erhalten aus einer partiellen Proteolyse. J. Textile Inst. **64** (1973) 6, S. 374–385.

Hibi, S., Maeda, M., Mizuno, M., Nomura, Sh., Kawai, H.: Untersuchung der mechanischen Anisotropie in orthogonal zweiachsig gereckten Polyvinylalkoholfolien. Sen-i Gakkaishi (J. Soc. Fiber Sci. Technol. Japan) **29** (1973) 4, S. 152–158. (jap.; engl. Zusammenfass.).

Nosov, M. P., Mel'nik, T. S.: Molekülorientierung in Polyamidtexturseiden. I. Stauchtexturierte Seiden. Faserforsch. u. Textiltechnik **24** (1973) 7, S. 273–281.

Chapman, B. M., Hearle, J. W. S.: Polymermaterialien, die Fibrillen mit einem Phasenübergang enthalten. Teil IV. Vergleich von Modellvoraussagen mit dem Verhalten von Wollfasern. J. macromol. Sci., B: Physics **5** (1971) 4, S. 633–659.

Guaita, M., Camino, G., Trossarelli, L.: Bestimmung der Zusammensetzung von Polymeren cyclischer Struktur hinsichtlich ihrer Struktureinheiten. J. macromol. Sci., A: Chemistry **5** (1971) 1, S. 89–103.

Ward, I. M., Williams, T.: Strukturuntersuchungen an Polyäthylen unter Anwendung der Gelchromatographie. J. macromol. Sci., B: Physics **5** (1971) 4, S. 693–719.

Biskup, U., Cantow, H.-J.: Zur Berechnung der ungestörten Dimensionen von Propylen/Vinylcopolymeren. Makromol. Chemie **168** (1973) S. 329–337.

Fixman, M., Alben, R.: Konformationsstatistik von Polymeren. I. Wahrscheinlichkeitsverteilung. J. chem. Physics **58** (1973) 4 (Teil 2), S. 1553–1558.

Tadokoro, H., Tai, K., Y., M., Kobayashi, M.: Konformations- und Packungsstabilität von kristallinen Polymeren. II. Einige isotaktische schraubenförmige Polymere. J. Polymer Sci.: Polymer Physics **11** (1973) 5, S. 825–840.

Ohno, N., Nitta, K., Makino, S., Sugai, Sh.: Konformationsübergang eines Maleinsäure-Styrol-Copolymeren in wäßriger Lösung. J. Polymer Sci.: Polymer Physics **11** (1973) 3, S. 413–425.

Flory, P. J.: Konformationsenergien, Stereoregularität und die Rolle von nicht gestaffelten Konformationen in Polymerketten. J. Polymer Sci: Polymer Physics **11** (1973) 4, S. 621–634.

Kovarskij, A. L., Vasserman, A. M., Aleksandrova, T. A., Tager, A. A.: Untersuchung der strukturellen Mikrouneinheitlichkeit von Polystyrol- und Celluloseacetatlösungen mittels paramagnetischer Sonde. Dokl. Akad. Nauk SSSR (Ber. Akad. Wiss. UdSSR) **210** (1973) 6, S. 1372–1374.

Linder, Ch., Miller, I. F.: Einfluß der Taktizität und Morphologie auf die Bildung von beständiger elektrischer Polarisation in polaren Polymermembranen. J. Polymer Sci.: Polymer Chem. **11** (1973) 5, S. 1119–1130.

Gupta, V. B., Ward, I. M.: Kristallitorientierung in Polyäthylen niederer Dichte. J. macromol. Sci., B: Physics **5** (1971) 3, S. 629.

Wilson, F. C., Starkweather, H. W., jr.: Kristallstruktur eines alternierenden Copolymeren von Äthylen und Tetrafluoräthylen. J. Polymer Sci.: Polymer Physics **11** (1973) 5, S. 919–927.

Cojazzi, G., Fichera, A., Garbuglio, C., Malta, V., Zannetti, R.: Die Kristallstruktur von Polylauryllactam (Polyamid 12). Makromol. Chemie **168** (1973) S. 289–301. (engl.).

Hsiao, C. C., Moghe, S. R.: Theorie des Deformationsverhaltens von Polymeren. J. macromol. Sci., B: Physics **5** (1971) 2, S. 262–268.

Yamada, K., Suzuki, M.: Einfluß von mittlerer Belastung auf die Ermüdungsbruchfortpflanzung in Polyäthylen niederer Dichte. Kobunshi Kagaku, Tokyo (Chem. High Polymers) **30** (1973) 336(4), S. 206–210. (jap.; engl. Zusammenfass.).

Oberst, H., Retting, W.: Einfluß von molekularen Relaxationsvorgängen auf die mechanischen Eigenschaften von Polyvinylchlorid bei Zugversuchen. J. macromol. Sci., B: Physics **5** (1971) 3, S. 559–590.

Bares, V., Wunderlich, B.: Wärmekapazität von geschmolzenen Polymeren. J. Polymer Sci.: Polymer Physics **11** (1973) 5, S. 861–873.

van Emmerik, P. T., Smolders, C. A.: Differentialregistrierkalorimetrie von Poly(2,6-dimethyl-1,4-phenylenoxid)/Toluol-Lösungen. European Polymer J. **9** (1973) 4, S. 293–300.

Krylatov, Ju. A., Tumanova, T. A.: Umsetzungswärme von Cellulosematerialien mit Cadoxen. Ž. prikl. Chimii (Z. angew. Chemie) **46** (1973) 6, S. 1297–1301.

Chytrý, V., Obereigner, B., Lím, D.: Untersuchung der thermischen Zersetzung von Polymeren des Polyvinylchloridtyps unter Anwendung von Modellverbindungen. III. Gasphasenpyrolyse von Acetaten. European Polymer J. **9** (1973) 6, S. 493–500.

Cirlin, E. H., Kaelble, D. H.: Rauhigkeits- und Anisotropieeinflüsse auf die Benetzbarkeit von Polytetrafluoräthylen und mit Natrium behandeltem Polytetrafluoräthylen. J. Polymer Sci.: Polymer Physics **11** (1973) 4, S. 785–799.

Booth, C., Pickles, C. J.: Phasentrennung in Mischungen von Polyäthylenoxid und Polypropylenoxid. J. Polymer Sci.: Polymer Physics **11** (1973) 3, S. 595–599.

Bogaevskaja, T. A., Šljapnikov, Ju. A.: Über einige Gesetzmäßigkeiten der Löslichkeit von niedermolekularen Substanzen in Polymeren. Dokl. Akad. Nauk SSSR (Ber. Akad. Wiss. UdSSR) **210** (1973) 6, S. 1362–1364.

Karpov, V. L., Finkel', E. È., Berljant, S. M., Braginskij, R. P.: Strahlungsinduzierte Modifizierung von Polyolefinen. Ž. vsesojuz. chim. Obšč. Mendeleeva (Z. chem. Allunions-Mendelejew-Ges.) **18** (1973) 3, S. 270–278.

Rosenberg, A., Heusinger, H.: Radiolyse von Polyäthylacrylat und Poly-β-chloräthylacrylat. I. European Polymer J. **9** (1973) 7, S. 567–580.

Tsuchida, E., Irie, Sh.: Einfluß des elektrostatischen Feldes auf die Polymerkette in der Quaternierungsreaktion von Polyvinylpyridin mit Alkylhalogeniden. J. Polymer Sci.: Polymer Chem. **11** (1973) 4, S. 789–799.

Suzuki, Y., Tsubaki, M., Tadokoro, T.: Dielektrische Eigenschaften von ungesättigten Polyesterharzen, hergestellt aus verschiedenen 1,3-Glykolen. Kobunshi Kagaku, Tokyo (Chem. High Polymers) **30** (1973) 336(4), S. 171–176. (jap., engl. Zusammenfass.).

North, A. M., Treadaway, M. F.: Energiewanderung und -übertragung in Polymersystemen. European Polymer J. **9** (1973) 7, S. 609–622.

Kamide, K., Manabe, S., Osafune, E.: Fraktionierung von Celluloseacetat durch Dünnschichtchromatographie. Makromol. Chemie **168** (1973) S. 173–193. (engl.).

Chang, M., Pound, T. C., Manley, R. St. John: Gelpermeationschromatographische Untersuchungen des Celluloseabbaus. I. Behandlung mit Salzsäure. J. Polymer Sci.: Polymer Physics **11** (1973) 3, S. 399–411.

French, D. M., Strecker, R. A. H.: Funktionalität und die Unterschiede zwischen den beobachteten und den erwarteten Gelpunkten. J. macromol. Sci., A.: Chemistry **5** (1971) 5, S. 893–899.

Campbell, D., Charlesby, A.: Verstärkte strahlungschemische Vernetzung von Acrylsäure und Methacrylsäure zu Polymeren. Alkane als Modellverbindungen für Polyäthylen. European Polymer J. **9** (1973) 4, S. 301–308.

Takeishi, M., Kawashima, R., Okawara, M.: Kinetische Einflüsse von grenzflächenaktiven Substanzen auf eine Polymerreaktion in einem nichtwäßrigen System: Nucleophile Substitution von Polyvinylchlorid mit dem Azidion. Makromol. Chemie **167** (1973) S. 261–272.

Chalil', Id. M., Gal'brajch, L. S., Ilieva, N. I., Meerson, S. I., Rogovin, Z. A.: Synthese und Untersuchung einiger Eigenschaften von partiell substituierten Celluloseacetaten. Vysokomol. Soed. (Hochmol. Verbind.) Serie B: Kratkie Soobšč. (Kurzmitt.) **15** (1973) 6, S. 452–455.

Trivedi, H. C., Patel, V. M., Patel, R. D.: Adsorption von Cellulosetriacetat auf Calciumsilicat. European Polymer J. **9** (1973) 6, S. 525–531.

Owen, E. D., Williams, J. I.: Einfluß von Naphthalin auf die durch Benzophenon photosensibilisierte Dehydrochlorierung von Polyvinylchlorid. J. Polymer Sci.: Polymer Chem. **11** (1973) 4, S. 905–907.

Ide, F., Kodama, T., Asai, H.: Untersuchung von Faserstoffen aus Phenol/Formaldehyd-Harz. Kobunshi Kagaku, Tokyo (Chem. High Polymers) **30** (1973) 336(4), S. 189–195. (jap.; engl. Zusammenfass.).

Ginijatullin, M. Ch., Timergaleev, R. G., Chasanov, M. Ch., Voskresenskij, V. A.: Modifizierung von Polyvinylchlorid mit Oligourethanen. Plast. Massy, Moskva (Plast. Massen) (1973) 6, S. 9–11.

Sutton, G. A., Tighe, B. J.: Untersuchung des Abbaus von Poly-α-estern. I. Einleitung: Entwurf und Konstruktion der Meßvorrichtung. J. Polymer Sci.: Polymer Chem. **11** (1973) 5, S. 1069–1077.

Physik und Chemie der Monomeren und Oligomeren

Nagura, M., Tagawa, H., Wada, E.: Struktur von Oligourethan. 5. Mikrostruktur der in Lösung gewachsenen Kristalle. Makromol. Chemie **168** (1973) S. 251–260. (engl.).

Kusch, P., Blessing, E.: Zur Synthese von Oligomeren des Nylons-6.6 nach der Anhydridmethode bei höheren Temperaturen. Makromol. Chemie **167** (1973) S. 69–77.

Polymerisation

Ivin, K. J.: Zur Thermodynamik von Additionspolymerisationsprozessen. Angew. Chemie **85** (1973) 12, S. 533–541.

Stafford, J. W.: Der Einfluß der Entfernung eines Produktes auf die optimale Ausbeute in einem Gleichgewichtsprozeß. J. macromol. Sci., A: Chemistry **5** (1971) 8, S. 1297–1302.

Takao, M., Muramoto, Y.: Mikromischungseinfluß auf die Polykondensationsreaktion in einem Reaktor bei ungleichmäßiger Strömung. Kobunshi Kagaku, Tokyo (Chem. High Polymers) **29** (1972) 331(11), S. 756–762. (jap.; engl. Zusammenfass.).

Yamada, A., Shimada, T., Murakami, Y.: Untersuchungen über einen nichtbewegten Hochviskositäts-Turmpolymerisator. Kobunshi Kagaku, Tokyo (Chem. High Polymers) **29** (1972) 331(11), S. 780–783. (jap.; engl. Zusammenfass.).

Fujimoto, K., Asano, K., Murakami, Y., Maekawa, T.: Homogenisierungskennwerte von Polymerisationsreaktoren für polymere Flüssigkeiten mit hoher Viskosität. Kobunshi Kagaku, Tokyo (Chem. High Polymers) **29** (1972) 331(11), S. 763–768. (jap.; engl. Zusammenfass.).

O'Driscoll, K. F., Sridharan, A. U.: Einfluß von Ultraschall auf die radikalische Polymerisation in einem kontinuierlich gerührten Reaktor vom Tanktyp. J. Polymer Sci.: Polymer Chem. **11** (1973) 5, S. 1111–1117.

Eguchi, W., Kawamura, M.: Inbetriebnahme eines kontinuierlich gerührten Tankpolymerisationsreaktors. Kobunshi Kagaku, Tokyo (Chem. High Polymers) **29** (1972) 331(11), S. 790–796. (jap.; engl. Zusammenfass.).

Hardy, G., Nagy, G., Varga, J.: Untersuchungen auf dem Gebiet der strahlungsinduzierten Festkörperpolymerisation. XXXL. European Polymer J. **9** (1973) 5, S. 399–410.

Abkin, A. D., Chomikovskij, P. M., Volkova, E. V., Luchovickij, V. I.: Strahlungsinduzierte Polymerisation. Ž. vsesojuz. chim. Obšč. Mendeleeva (Z. chem. Allunions-Mendelejew-Ges.) **18** (1973) 3, S. 246–255.

Yassin, A. A., Rizk, N. A., Ghanem, N. A.: Die Wechselwirkung zwischen Polymerisationsinitiatoren und Inhibitoren in Lösung. IV. Die Reaktion von Benzoylperoxid mit Hydrochinon in Lösung. European Polymer J. **9** (1973) 7, S. 677–685.

Araki, T., Aoxagi, T., Ueyama, N., Aoyama, T., Tani, H.: Äthylaluminiumoxidkatalysatoren vom binären System Ath_2AlOLi/Ath_2AlCl im Vergleich zu $AlAth_3$/Wasser-Katalysatoren. J. Polymer Sci.: Polymer Chem. **11** (1973) 4, S. 699–712.

Zafar, M. M., Yousafzai, A. H. K., Mahmud, R.: Co(II)-acetylacetonat, ein Radikalinitiator. Makromol. Chemie **167** (1973) S. 243–248. (engl.).

Itoh, K.: Einfluß der Initiatorkonzentration auf die Selbstbeschleunigung der Polymerisationsgeschwindigkeit. Kobunshi Kagaku, Tokyo (Chem. High Polymers) **29** (1972) 331(11), S. 800–806. (jap.; engl. Zusammenfass.).

Rafler, G., Bonatz, E., Reinisch, G.: Zur Kinetik der Polyäthylenterephthalatbildung im offenen System. II. Einfluß thermisch bedingter Nebenreaktionen auf den Polykondensationsverlauf. Faserforsch. u. Textiltechnik **24** (1973) 7, S. 269–272.

Sek, D., Gaik, U., Jedliński, Z.: Synthese und Eigenschaften einiger Polyesterimide. European Polymer J. **9** (1973) 7, S. 593–600.

Mochizuki, S., Itoh, N.: Polymerisationskinetik von ε-Caprolactam. Kobunshi Kagaku, Tokyo (Chem. High Polymers) **29** (1972) 331(11), S. 867–871. (jap.; engl. Zusammenfass.).

Gohlke, U., Reinisch, G.: Zum Polykondensationsgleichgewicht bei Polycaprolactam. Faserforsch. u. Textiltechnik **24** (1973) 7, S. 282–288. 15. Mitt. über Probleme der Polyamidchemie.

Micheev, V. N., Teterjukova, L. V., Nesterova, O. Ju.: Über die Übertragung der aktiven Gruppe bei der anionischen Polymerisation von Caprolactam in Gegenwart eines linearen Amids durch den Carbamoyllactam-Aktivator. Vysokomol. Soed. (Hochmol. Verbind.) Serie B: Kratkie Soobšč. (Kurzmitt.) **15** (1973) 6, S. 405–406.

Ogata, N., Sanui, K., Iijima, K.: Synthese von Polyamiden durch aktive Diester. J. Polymer Sci.: Polymer Chem. **11** (1973) 5, S. 1095–1105.

Schacht, E. H., Goethals, E. J.: Kationische Polymerisation von cyclischen Iminen. I. 1,3,3-Trimethylazetidin. Makromol. Chemie **167** (1973) S. 155–169. (engl.).

Koršak, V. V., Bekasova, N. I., Prigožina, M. P.: Polyamide auf der Basis von 1,7-(m-Carboranilen)-diamin. Vysokomol. Soed. (Hochmol. Verbind.) Serie B: Kratkie Soobšč. (Kurzmitt.) **15** (1973) 6, S. 422–424.

van der Molen, Th. J.: Polymerisation von Äthylen in der Masse bei niedrigen Temperaturen. Nuova Chimica, Milano **49** (1973) 6, S. 33–35.

Gluchov, V. I., Širjaeva, G. V.: Einige Parameter der Strahlungspolymerisation von Vinylmonomeren in Holz. Plast. Massy, Moskva (Plast. Massen) (1973) 6, S. 35–36.

Otsu, T., Kubota, Sh.: Vinylpolymerisation mit Chrombisbenzol und Ferrocen. Kobunshi Kagaku, Tokyo (Chem. High Polymers) **30** (1973) 336(4), S. 211–216. (jap.; engl. Zusammenfass.).

Fujii, M., Ohtsuka, Y., Ohtsuka, S.: Zeit-Temperaturkurven für die Emulsionscopolymerisation von Vinylmonomerpaaren. Kobunshi Kagaku, Tokyo (Chem. High Polymers) **29** (1972) 331(11), S. 852–858. (jap.; engl. Zusammenfass.).

Wójcik, Z., Sporysz, W.: Anwendung der polarographischen Methode zur Bestimmung von Wasserstoffperoxid während der Polymerisation von Vinylacetat. Polimery, Warszawa **18** (1973) 4, S. 203–205.

Sokolova, N. I., Panfilov, A. A.: Einfluß des Systems: Alkylammoniumsulfat/Methylcellulose-Barium-(bzw. Magnesium-)chlorid auf die Polymerisation von Vinylchlorid. Plast. Massy, Moskva (Plast. Massen) (1973) 6, S. 7–8.

Cheradame, H., Mazza, M., Nguyen, Anh Hung, Sigwalt, P.: Durch Titantetrachlorid ausgelöste kationische Polymerisation von Inden. I. Einfluß von Verunreinigungen des Lösungsmittels und des Methylenchlorids sowie cokatalytischer Effekt von Wasser und Salzsäure. European Polymer J. **9** (1973) 5, S. 375–384. (franz.).

Lapena, A., Mateo, J. L., Sastre, R.: Anionische Copolymerisation von Acrolein mit Aldehyden. Nuova Chimica, Milano **49** (1973) 5, S. 97–98.

Matsuzawa, Sh., Yamaura, K., Noguchi, H.: Einfluß von Aldehyd auf die Stereoregularität von durch radikalische Polymerisation erhaltenem Polyvinyltrifluoracetat. Makromol. Chemie **168** (1973) S. 27–32. (engl.).

Nazmidinov, Sh. u. a.: Copolymerisation von Acryl- bzw. Methacrylsäurechlorid. Nuova Chimica, Milano **49** (1973) 5, S. 63–65.

Roda, J., Hrabák, F.: Über die durch das System Benzoylperoxid/(Rh(I)-Komplex initiierte Substanzpolymerisation von Methylmethacrylat. Makromol. Chemie **168** (1973) S. 93–103.

Horáček, I., Hrabák, F.: Herstellung und Charakterisierung von N-Acryloyl-p-Aminophenylessigsäure und ihrer Polymerer. Coll. czechoslov. chem. Commun. **38** (1973) 6, S. 1775–1779.

Lavrova, L. A., Dymarčuk, N. P., Miščenko, K. P.: Untersuchung der Polymerisationskinetik von Acrylamid in Gegenwart des Systems: $K_2S_2O_8/Na_2SO_3$. Ž. prikl. Chimii (Z. angew. Chemie) **46** (1973) 6, S. 1294–1297.

Suzuki, S., Ohishi, T.: Startgeschwindigkeit bei der Emulsionspolymerisation von Styrol mit Redox-Katalysatoren. Kobunshi Kagaku, Tokyo (Chem. High Polymers) **29** (1972) 331(11), S. 826–835. (jap.; engl. Zusammenfass.).

Kalojorov, N. J., Borsig, E.: Thermische Polymerisation von Styrol in Aceton/Chloroform-Gemischen. Nuova Chimica, Milano **49** (1973) 5, S. 66–68.

Matzner, M., Schober, D. L., McGrath, J. E.: Polystyrol-Polyamid-6-Pfropfcopolymere. European Polymer J. **9** (1973) 6, S. 469–480.

Yamashita, Y., Nakamura, Y., Kojima, Sh.: Blockcopolymerisation. VII. Kinetische Untersuchungen der Polymerisation von Pivalolacton mit Polystyroldicarboxylaten und mit Polyacrylnitrildicarboxylaten. J. Polymer Sci.: Polymer Chem. **11** (1973) 4, S. 823–832.

Babkin, I. Ju., Cellin, B. L.: Strahlungsinduzierte Pfropfung als Modifizierungsmethode von polymeren und anorganischen Materialien. Ž. vsesojuz. chim. Obšč. Mendeleeva (Z. chem. Allunions-Mendelejew-Ges.) **18** (1973) 3, S. 263–269.

Tomita, K., Obara, H.: Polykondensation von p-2-Hydroxyäthoxymethylbenzoat. Kobunshi Kagaku, Tokyo (Chem. High Polymers) **29** (1972) 331(11), S. 872–876. (jap.; engl. Zusammenfass.).

Simionescu, Cr., Asandei, N., Negulescu, I.: Multikomponentencopolymerisation. Über einige spezielle Fälle der Terpolymerisationsgleichungen. Acta chim. Acad. Sci. hung. **76** (1973) 3, S. 319–333. (engl.).

II. Faserstoffe. Ausgangsstoffe usw.

Ein Faserbruchatlas. Teil 10. Textile Manuf. **99** (1972) 1174, S. 36–37.

Leiserson, T., Lerner, C.: Mischungen von Wolle mit Acrylfaserstoffen. Galaxia, Buenos Aires (1973) 49, S. 20–21.

Naturfaserstoffe

Pflanzliche Faserstoffe

Avny, Y., Gur-Arieh, Z., Zilkha, A.: Reaktion von Lithiumcellulosat mit Episulfiden. J. macromol. Sci., A: Chemistry **5** (1971) 5, S. 957–968.

Tierische Faserstoffe

Malinowski, M., Tyszkiewicz, D.: Prüfung der Spinnfähigkeit der Wolle nach der Methode der Mikroverspinnung. Przegl. włókienn. (Textil-Rdsch.) **27** (1973) 4, S. 184–187.

Paškevičjus, V. V., Baltušis, R. S., Monkevičjute, G. L., Blažajtis, G. I.: Einfluß der Behandlung im Wassermedium auf die thermischen Eigenschaften der Wolle. Izv. vysšich uč. Zav. Technol. tekstil. Prom. (Hochschulnachr. Technol. Textil-Ind.) (1973) 2, S. 90–93.

Chemiefaserstoffe

Balcerzyk, E.: Methoden zur Untersuchung der Porosität von Faserstoffen. I. Quecksilber-Porosimetrie und physikalische Adsorption. Polimery, Warszawa **18** (1973) 4, S. 175–179.

Fridman, A. M.: Wirtschaftliche Zweckmäßigkeit des Einsatzes von in der Masse gefärbten Chemiefasern und -fäden. Tekstil. Prom., Moskva (Textil-Ind.) **33** (1973) 4, S. 24–26.

Cellulose und Zellstoff

Jayme, G., Chehata, A.: Änderung der Feinstruktur von Zellstoffen während der Bleiche. II. Einfluß der Behandlung mit Hypochlorit. Papier **27** (1973) 6, S. 213–217.

Talmud, S. L., Kokuškina, V. A., Kogan, L. P.: Verhornung der Cellulose und Methoden zu deren Vermeidung. Ž. prikl. Chimii (Z. angew. Chemie) **46** (1973) 5, S. 1108–1111.

Marghita, D. I., Gottesman, B. S., Reichman, Ed., Velcescu, El., Cojocaru, D.: Anwendung und Vertrauensbereich eines mathematischen Modells für Calciumbisulfitaufschluß. Celuloză şi Hîrtie, Bucureşti (Cellulose u. Papier) **22** (1973) 4, S. 141–142.

Synthetische Faserstoffe

Hoffrichter, S.: Einfluß des Reckens auf die Eigenschaften von Polyester- und Copolyesterfäden. Teil I: Die Veränderung des Schrumpfens, der Reckkraft und Schrumpfkraft beim einstufigen Recken. Faserforsch. u. Textiltechnik **24** (1973) 7, S. 289–299.

Kawakami, H., Miyoshi, A., Murano, I.: Untersuchungen über Phasengleichgewicht und Kinetik beim Naßerspinnen von Polyvinylalkoholfaserstoffen. Sen-i Gakkaishi (J. Soc. Fiber Sci. Technol. Japan) **29** (1973) 4, S. 159–165. (jap.; engl. Zusammenfass.).

Šimanskij, P. E., Slin'ko, L. V., Meos, A. I., Kirilenko, Ju. K.: Mit Tetrahydroderivaten des Benzaldehyds modifizierter Polyvinylalkoholfaserstoff. Ž. prikl. Chimii (Z. angew. Chemie) **46** (1973) 6, S. 1390–1392.

Hensen, F.: Neue Anlagen zur Herstellung von Fasern aus Polyolefinen. Chemiefasern/Textil-Ind. **23/75** (1973) 7, S. 617–623.

Rusznák, I., Bertalan, Gy., Bereck, A., Trézl, L., Zaoui, A.-Ne.: Erzeugung und Verwendung fibrillierten Polypropylens. II. Teil. Magyar Textiltechn. **25** (1973) 5, S. 235–241.

Šamolina, I. I., Vol'f, L. A., Meos, A. I., Abakumova, R. A., Pal'čevskij, V. V.: Untersuchung der Eigenschaften von Redoxfäden vom Phenthiazintyp. Ž. prikl. Chimii (Z. angew. Chemie) **46** (1973) 6, S. 1392–1394.

Künstliche mineralische Faserstoffe

Die aus rostfreiem Stahl hergestellte Faser Electy und ihre Anwendung. Japan Textile News (1973) 219, S. 80–83.

Ausgangsstoffe. Schaumstoffe. Kautschuk

Kunststoffe mit glänzender Oberfläche. VDI-Nachr. **27** (1973) 30, S. 2.

III. Fäden-Herstellungstechnologien

Spinnerei. Zwirnerei

Szücs, I.: Daten zur Erkenntnis des Wesens des „Self-Twist" Spinnens. Magyar Textiltechn. **25** (1973) 5, S. 278–279.

Der Einsatz von Chemiefasern in der Spinnerei. Ind. textile, Paris (1973) 1022, S. 234–240.

Savel'ev, V. G., Sevost'janov, A. G.: Experimentelle Untersuchung der Verzugskraft als Feinheitscharakteristik eines Verzugsproduktes. Izv. vysšich uč. Zav. Technol. tekstil. Prom. (Hochschulnachr. Technol. Textil-Ind.) (1973) 2, S. 41–44.

Cojocaru, M.: Verbesserung der Baumwollgarneigenschaften durch Verwendung der Crosrol-Vorrichtung. Ind. textilă, Bucureşti **24** (1973) 5, S. 272–279.

Spinnerei

Danielowski, G.: Neue Aspekte zum OE-Spinnverfahren. Melliand Textilber. internat. **54** (1973) 6, S. 575–577.

OE oder der Ring: Vorabzählen bis zur Entscheidung. Textile World **123** (1973) 3, S. 61, 62, 63, 65, 66, 69.

Lünenschloß, J., Coll-Tortosa, L.: Verfahren zur Ermittlung der Strömungsgeschwindigkeit und des Auflösungszustandes von Fasern im Transportkanal einer OE-Rotorspinnmaschine. Melliand Textilber. internat. **54** (1973) 6, S. 570–574.

Godula, D., Lewandowski, G.: Fadenbruchmessungen an spindellosen Spinnmaschinen. Przegl. włókienn. (Textil-Rdsch.) **27** (1973) 4, S. 188–193.

Zwirnerei

Das Stufenzwirnverfahren hat sich die Welt erobert. Melliand Textilber. internat. **54** (1973) 6, S. 600–601.

Fedorovskaja, V. S.: Über die Qualität von Baumwollnähfäden. Tekstil. Prom., Moskva (Textil-Ind.) **33** (1973) 4, S. 31–32.

Texturfäden

Calistru, E.: Texturierte Garne. Ind. textilă, Bucureşti **24** (1973) 5, S. 265–271.

Smirnov, L. S.: Herstellung von Texturseiden und Methoden zur Bewertung ihrer Eigenschaften. Tekstil. Prom., Moskva (Textil-Ind.) **33** (1973) 4, S. 76–79. Textiltechnik **23** (1973) 5, S. 284–287.

IV. Flächengebilde-Herstellungstechnologien

Bröckel, G.: Die technische und wirtschaftliche Stellung schützenloser Webmaschinen im Hinblick auf neue Entwicklungen im Maschensektor. Chemiefasern/Textilind. **23/75** (1973) 7, S. 630–636.

Liess, O.: Die Zukunftsaussichten der verschiedenen Technologien zur Fertigung textiler Flächengebilde. Ind. textilă, Bucureşti **24** (1973) 5, S. 297–299.

Jędrzejewski, W.: Die Weltproduktion von Fußbodenbelag. Technik włókienn. (Textiltechn.) **22** (1973) 3, S. 91–92.

Wie geht's weiter auf dem Bodenbelagmarkt? Tuftingware wird auch künftig das Rennen machen. Eine Infratest-Untersuchung. Boden, Wand, Decke **19** (1973) 4, S. 7–8.

Materialvorbereitung

Sokorin, N. M.: Experimentelle Bestimmung der Fadenabwindungsgeschwindigkeit vom Garnkörper auf Schußspulautomaten. Izv. vysšich uč. Zav. Technol. tekstil. Prom. (Hochschulnachr. Technol. Textil-Ind.) (1973) 2, S. 76–79.

Pajarskas, B. B., Jakučionene, D. A., Sakalauskas, Z. Ju.: Schlichten von Triacetatfäden unter Verwendung einer Flotte mit Antistatikum. Tekstil. Prom., Moskva (Textil-Ind.) **33** (1973) 4, S. 51–52.

Weberei

Mikeladze, A. B., Sordija, V. N., Amašukeli, S. K., Nadaraja, M. A.: Anlaufen des Herstellens von Geweben aus Naturseide auf Webmaschinen STB. Tekstil. Prom., Moskva (Textil-Ind.) **33** (1973) 5, S. 56–57.

Weberei-Technologie

Agapova, I. I., Vlasov, P. V., Bukaev, P. T.: Optimierung der technologischen Parameter bei der Verarbeitung von auf Maschinen BD-200 hergestelltem Garn in der Weberei. Izv. vysšich uč. Zav. Technol. tekstil. Prom. (Hochschulnachr. Technol. Textil-Ind.) (1973) 2, S. 58–61.

Erzeugnisse der Weberei

Rhodes, Ph. L., Kyame, G. J.: Bindungen für verbesserte Baumwollgewebe mit Dauerbügeleigenschaft. Textile Ind. **136** (1972) 11, S. 50–52, 54.

Kokošinskaja, V. I., Jakovleva, L. A.: Hygienische Anforderungen an Gewebe. Tekstil. Prom., Moskva (Textil-Ind.) **33** (1973) 5, S. 71–73.

van Gorp, P. J. M.: Neue „Nietkopf" – (rivet head) – Teppichmaschine. Tex/Textiles, Gent (1973) 6, S. 32–34, 37, 39.

Effektgarne für Tufted-Teppiche aus Wolle. Teil I. Konventionelle Herstellungsmethoden. Tex/Textilis, Gent (1973) 6, S. 20–22, 24, 30–31.

Wentz, D.: Was spricht für Teppichböden im Krankenhaus? Boden, Wand, Decke **19** (1973) 6, S. 24–26, 28.

Wirkerei und Strickerei. Konfektion. Sonstige Technologien

Weber, K.-P.: Die Wirkerei und Strickerei. Technologische und bindungstechnische Grundlagen. Melliand Textilber. internat. **54** (1973) 6, S. 624–629.

Selmeci, I.: Neue Wege der Maschenwarenerzeugung. Magyar Textiltechn. **25** (1973) 5, S. 253–256.

Wirkerei- und Strickerei-Technologie

Konstruktion von Doppelgestrick. Teil 4. Textile Ind. **136** (1972) 11, S. 61–64.

Berechnungen an Großrundstrickmaschinen einschließlich Jacquard-Rundstrickmaschinen. Wirk.- u. Strick.-Technik **23** (1973) 6, S. 419–420, 422, 424–426.

Erzeugnisse der Wirkerei und Strickerei

Dooner, N. P., Lourie, J. R., Velderman, P.: Die Elektronik in der Wirkerei und Strickerei – Ein Metasystem für den Entwurf und die Herstellung von Maschenstoff mit Hilfe des Computers. Hosiery Trade J. **80** (1973) 954, S. 109–114.

Filippova, T. P., Šalov, I. I.: Eigenschaften von Gewirken und Gestricken aus Polyesterfäden in Mischung mit Fäden anderer Arten. Tekstil. Prom., Moskva (Textil-Ind.) **33** (1973) 5, S. 60–61.

Jacob, J.-M.: Maschenlängenvariationen bei den auf Cottonmaschinen gewirkten Stücken. 2. Teil. Ann. sci. textiles belges **21** (1973) 1, S. 7–63.

Morgenstern, W.: Ursachen und Erkennungsmöglichkeiten von Streifigkeiten in Gestricken und Gewirken. Textilveredlung, Weinfelden/Schweiz **8** (1973) 4, S. 213–217. (dt. mit engl. Zusammenfass.).

Olejnik, B.: Herstellung von Obertrikotagen aus Anilana auf Strickautomaten für Links/Links-Gestricke. Technik włókienn. (Textiltechn.) **22** (1973) 3, S. 81–83.

Wheatley, B.: Herrenanzüge und lange Herren- sowie Damenhosen: Der Einfluß der Kettenwirkmaschinen. Brit. Knitting Ind. **46** (1973) 526, S. 67, 69, 71, 72–74, 82.

Herrenmaschenkleidung aus Gestrick oder Kettengewirke? Ind. textile, Paris (1973) 1022, S. 269–272.

Kertész, P.: Neue Entwicklungstendenzen in der Erzeugung von Strümpfen und Strumpfhosen. Magyar Textiltechn. **25** (1973) 5, S. 257–258.

Konfektion

Margolin, V. B., Sucharev, M. I.: Bestimmung der Festigkeitscharakteristiken von Schweißschleifen in Erzeugnissen aus Kunstleder. Izv. vysšich uč. Zav. Technol. legkoj Prom. (Hochschulnachr. Technol. Leichtind.) (1973) 2, S. 85–88.

Textilverbundstoffe

Szałkowski, Z.: Verbundstofftechnologie – eine neue Textiltechnik. Przegl. włókienn. (Textil-Rdsch.) **27** (1973) 4, S. 193–203.

Faserverbundstoffe. Vliesstoffe

Calistru, E.: Einsatz von Chemiefaserstoffen auf dem Papiergebiet. Celuloză şi Hîrtie, Bucureşti (Cellulose u. Papier) **22** (1973) 6, S. 237–241.
Matejcek, F.: Bindung von Naßvliesen bei physikalisch-chemischer Koagulatbildung. Chemiefasern/Textilind. **23/75** (1973) 7, S. 657–658.
de Beer, L.: Naßvliesbindung nach dem Ciago-Verfahren. Chemiefasern/Textilind. **23/75** (1973) 7, S. 658–662.
Albrecht, W.: Copolyamid- und Polyesterfasern für die Bindung von Vliesstoffen. Chemiefasern/Textilind. **23/75** (1973) 7, S. 653–657.

Schichtstoffe

Konzeption eines Betriebes für Polyurethanbeschichtung. Textilbetrieb **91** (1973) 4, S. 64–69.

V. Textilveredlung

Gedanken zur Textilveredlung aus Lösemitteln. Wirk.- u. Strick.-Technik **23** (1973) 6, S. 418–419.
Offutt, E. W., Holden, W. H.: Wie man Gewebe aus Texturseide färbt und ausrüstet. Amer. Dyestuff Rep. **62** (1973) 3, S. 30, 34, 35, 61.
Valu, F., Mălcomete, O.: Untersuchungen der Parameter und der Feldverteilung am Spannrahmen zum Trocknungs- und Thermofixiervorgang von synthetischen Geweben. Ind. textilă, Bucureşti **24** (1973) 5, S. 286–291.

Farbstoffe. Textilhilfsmittel

Stempniewicz, M.: Derzeitiger Stand der Herstellung von chemischen Hilfsmitteln für die Textilindustrie. Technik włókienn. (Textiltechn.) **22** (1973) 3, S. 83–85.
Nischwitz, E.: Vinyl-Polymere für die Bindung von Vliesstoffen. Chemiefasern/Textilind. **23/75** (1973) 7, S. 646–651.

Bleicherei. Sonstige Vorbehandlungsverfahren der Textilveredlung

Safonov, V. V., Bogdanov, G. A., Korčagin, M. V.: Untersuchung des Stabilisierungsvorgangs von Wasserstoffperoxid mit Natriumpyrophosphat beim Bleichen. Izv. vysšich uč. Zav. Technol. tekstil. Prom. (Hochschulnachr. Technol. Textil-Ind.) (1973) 2, S. 84–86.
Neveling, V., Sebb, W.: Die Behandlung von Textilgut unter Normaldruck bei erhöhter Temperatur. Textilbetrieb **91** (1973) 4, S. 70–76.

Färberei

Tomori, M.: Das Kontinue-Färben und Veredeln von schmalen Zubehörstoffen. Magyar Textiltechn. **25** (1973) 5, S. 259–263.
Burnett, R.: Space-Dyeing – eine neu belebte Technik. Mod. Textiles Mag. **54** (1973) 3, S. 45, 53.
Slaski, K. A., Roberts, A. M.: Die kommerzielle Realität des Lösungsmittelfärbens. Hosiery Trade J. **80** (1973) 953, S. 156–158.
Babkina, V. G., Ivanova, L. A.: Klassifizierung der Direktfarbstoffe in Abhängigkeit von ihrer Egalisierungsfähigkeit. Tekstil. Prom., Moskva (Textil-Ind.) **33** (1973) 4, S. 59.
Langmann, W.: Die Wechselwirkung Hilfsmittel-Farbstoff und ihre Bedeutung für den Prozeßablauf beim Färben. Melliand Textilber. internat. **54** (1973) 6, S. 654–659.
Charcharov, A. A., Zabašta, V. N., Zabašta, M. K., Akim, E. L., Jasnovskij, V. M.: Über den Vorgang des Färbens von Triacetatfasern mit metallhaltigen Säurefarbstoffen. Izv. vysšich uč. Zav. Technol. tekstil. Prom. (Hochschulnachr. Technol. Textil-Ind. (1973) 2, S. 87–90.
Norris, R. T.: Erzielung optimaler Resultate beim Färben von Polyester-Zellulose-Mischungen nach dem Klotz-Thermofix-Verfahren. Textilveredlung, Weinfelden/Schweiz **8** (1973) 5, S. 250–256.
Freytag, R., Diemunsch, J., Donze, J.-J.: Einfluß der Spannungen auf die Kinetik beim Färben von Polyesterfaserstoffen. Ind. textile, Paris (1973) 1022, S. 273–276.
Bliničeva, I. B., Kamyšenceva, M. N., Čikalova, N. N., Tarasova, Z. A.: Einsatz von Furfurol beim Färben von Polyesterfasern mit Dispersionsfarbstoffen. Tekstil. Prom., Moskva (Textil-Ind.) **33** (1973) 5, S. 68–69.
Nižnik, V. A., Vajnburg, V. M., Makarovskja, N. I., Minina, N. I., Evstaf'eva, M. A., Charcharov, A. A.: Färben von Lavsan in einem Medium organischer Lösungsmittel. Tekstil. Prom., Moskva (Textil-Ind.) **33** (1973) 5, S. 69.
Blackburn, S.: Ein Einbadverfahren für Polyacrylnitril/Polyamid-Teppichgarne. Internat. Dyer, Textile Printer, Bleacher, Finisher **149** (1973) 11, S. 628–629.
Marini, G., Gallerani, P.: Prüfung der biologischen Reinigung der Abwässer einer Färberei. Textilia, Milano **49** (1973) 5, S. 11–17.
Casanova, J. M.: Einführung in die Behandlung von Industrie- und Färbereiabwässern. Galaxia, Buenos Aires (1973) 49, S. 10–19.

Druckerei

Bottomley, J. R.: Wärme-Umdruck – ein Fortschrittsbericht. Brit. Knitting Ind. **46** (1973) 527, S. 45, 47, 49, 51.
Datye, K. V., Pitjar, S. C., Purao, U. M.: Untersuchungen beim Sublimations-Transferdruckverfahren. Textilveredlung, Weinfelden/Schweiz **8** (1973) 5, S. 262–274. (engl.).
McCartney, J.: Teppichdruck bei der Fa. Donaghades. Textile Ind. **136** (1972) 11, S. 92, 97, 100, 102–103.

Ausrüstung. Trocknung

Tomaszewski, L.: Verbandsmull und seine Ausrüstungsverfahren. Technik włókienn. (Textiltechn.) **22** (1973) 3, S. 86–90.
Řiedel, D.: Effektvolles Dekatieren von Wirk- und Strickwaren. Wirk.- u. Strick.-Technik **23** (1973) 6, S. 407–408, 410, 412–413.
Tomek, J.: Neue Erkenntnisse über sogenannte Mercerisierfehler. Melliand Textilber. internat. **54** (1973) 6, S. 637.
Pflegeleichte Baumwollstoffe. Internat. Dyer, Textile Printer, Bleacher, Finisher **149** (1973) 10, S. 557–558.
Nosova, L. V., Gončaruk, A. Z., Davlov, A. I., Rabal'cenko, V. V., Flekser, L. A.: Wege zur Verminderung der Pillingbildung auf Obertrikotagen. Izv. vysšich uč. Zav. Technol. legkoj Prom. (Hochschulnachr. Technol. Leichtind.) (1973) 2, S. 40–43.

Wäscherei. Chemische Reinigung

Mickeleit, E.: Moderne Kontinue-Waschanlagen. Chemischreiniger/Wäscher/Färber-Ztg. **72** (1973) 6, S. 254–255, 258–262.

VI. Werkstoffprüfung. Meß- und Prüftechnik. Standardisierung

Szczeciński, J.: Einfluß der Querluftströmung in der Verspinnungszone und der Einfluß der Verstreckungsbedingungen auf färberische Eigenschaften und Änderungen der physikalischen Struktur von Polyesterseide des Types Torlan. Przegl. włókienn. (Textil-Rdsch.) **27** (1973) 4, S. 204–209.

Eigenschaften und Fehler der Textilmaterialien u. a.

Angarov, E. I., Bažbeuk-Melikova, T. V., Lukinov, V. S., Pismannik, K. D., Fomina, I. A.: Untersuchung von Baumwollspinnereiprodukten nach dem Verfahren der Autoradiographie. Tekstil. Prom., Moskva (Textil-Ind.) **33** (1973) 5, S. 73–75.
Ikeda, T., Hamanaka, M., Tsuji, W., Ikeda, Y.: Lichtbeständigkeit von mit Acrylsäure gepfropften Polypropylen- oder Polyamid-6-Geweben. Sen-i Gakkaishi (J. Soc. Fiber Sci. Technol. Japan) **29** (1973) 4, S. 186–189. (jap.; engl. Zusammenfass.).
Vinogradova, T. V.: Berechnung der Belastung und Dehnung eines Schnittbüschels von Faserstoffen beim Reißen. Tekstil. Prom., Moskva (Textil-Ind.) **33** (1973) 5, S. 80–82.
Žaljauskene, Z. I., Sucharev, M. I.: Anwendung des Kennwertverfahrens zur Bestimmung der Gewebequalität. Izv. vysšich uč. Zav. Technol. tekstil. Prom. (Hochschulnachr. Technol. Textil-Ind.) (1973) 1, S. 12–14.
Alekseev, K. G.: Über neue Verfahren des Berechnens der Einarbeitung bei Geweben in einfachen Grundbindungen. Tekstil. Prom., Moskva (Textil-Ind.) **33** (1973) 4, S. 47–49.
Kušnir, E. G., Dukovskaja, I. I.: Halbzyklen-Reißcharakteristiken und Scheuerfestigkeit von Leinen/Nitron-Geweben. Izv. vysšich uč. Zav. Technol. tekstil. Prom. (Hochschulnachr. Technol. Textil-Ind.) (1973) 2, S. 22–25.
Makeeva, T. V., Kukin, G. N.: Veränderung der Garnstruktur im Prozeß der mehrfachen Dehnung. Izv. vysšich uč. Zav. Technol. tekstil. Prom. (Hochschulnachr. Technol. Textil-Ind.) (1973) 2, S. 12–15.
Chapman, B. M.: Die Kraft/Dehnungseigenschaften beim Biegeversuch einzelner Fasern sowie der Einfluß von Temperatur und relativer Feuchte. J. Textile Inst. **64** (1973) 6, S. 312–327.
Abbott, G. M., Grosberg, P., Leaf, G. A. V.: Der elastische Biegewiderstand leinwandbindiger Gewebe. J. Textile Inst. **64** (1973) 6, S. 346–362.
Verminderte Entflammbarkeit bei Polyesterfaserstoffen. Chem. engng. News **51** (1973) 21, S. 27.

Meß- und Prüftechnik

Reinhold, B., Winkler, D.: Überwachung und Korrektur von Gasanalysengeräten sowie Analysenauswertung mittels Prozeßrechner. ATM. Arch. techn. Messen ind. Meßtechnik **448** (1973) 5, S. R81–R87.
Bouillon, B., Gavet, L., Rochas, P.: Strahlenchemische Methoden zur Untersuchung von Schmälzen auf Fäden. Ind. textile, Paris (1973) 1022, S. 245–248.
Ellis, P., Munden, D. L.: Theoretische und experimentelle Untersuchung an leinwandbindigen Geweben mit symmetrischer Fadendichte. Teil II. Die Abschätzung der Garnlänge je Flächeneinheit der Gewebestruktur. J. Textile Inst. **64** (1973) 6, S. 303–311.

Standardisierung. Terminologie

Dechanova, M. G.: Rolle und Aufgaben der Standardisierung in der Textil- und Galanterieindustrie. Tekstil. Prom., Moskva (Textil-Ind.) **33** (1973) 4, S. 30–31.
Kovalenko, F. F., Aristova, G. M., Birenbaum, E. I.: Wege zur Vervollkommnung des Standardisierungssystems in der Textilindustrie. Tekstil. Prom., Moskva (Textil-Ind.) **33** (1973) 4, S. 4–6.
Bender, D.: Was bedeutet die umfassende Anwendung des SI in Wissenschaft und Technik. Standardisierung u. Qualität **19** (1973) 7, S. 302–303.

VII. Betriebstechnik. Ökonomie. Tagungsberichte und dgl.. Sonderfragen

Betriebstechnik

Nosek, L., Jasiński, S.: System von Materialindices unter den Bedingungen der elektronischen Datenverarbeitung. Technik włókienn. (Textiltechn.) **22** (1973) 3, S. 65–69.
Stoffe schonend behandeln. VDI-Nachr. **27** (1973) 28, S. 12.
Matusiak, D., Judycka, J.: Kontrolle zwischen den Arbeitsgängen der Produktionsprozesse in den Cordherstellungsbetrieben. Technik włókienn. (Textiltechn.) **22** (1973) 3, S. 69–70.

Ökonomie

Denisov, V. I.: Neue Bedingungen der Arbeitsentlohnung von Arbeitern der Textilbetriebe. Tekstil. Prom., Moskva (Textil-Ind.) **33** (1973) 4, S. 10–12.
Evdokimova, T. G., Prokašev, A. I.: Einige Fragen der Berücksichtigung der Produktionsqualität in den Preisen. Tekstil. Prom., Moskva (Textil-Ind.) **33** (1973) 4, S. 6–8.
Vékássy, A.: Die voraussichtliche Entwicklung von einzelnen Wissensgebieten und Verfahrenstechniken der Textiltechnologie in den kommenden Jahrzehnten. II. Teil. Magyar Textiltechn. **25** (1973) 5, S. 225–234.
Tatsachen und Zahlen. Chem. engng. News **51** (1973) 23, S. 9.

Sonderfragen

Zingel, H.-J.: Textile Datenbank und Innovationsbeschleunigung. Wirk.- u. Strick.-Technik **23** (1973) 6, S. 379–384.
Tybor, I. W.: Einführung von Forschungs- und Entwicklungsergebnissen in die Produktion bei Textilbetrieben. Przegl. włókienn. (Textil-Rdsch.) **27** (1973) 4, S. 165–170.
Zusammenfassung der Nadel'schen Staublungenuntersuchung: Arbeit fortführen. Textile World **123** (1973) 3, S. 25, 27.
Sportplatzbeläge aus synthetischem Material im Vergleich. Kunststoff-Berater **18** (1973) 6, S. 458–459.

ACTA HYDROCHIMICA ET HYDROBIOLOGICA

Naturwissenschaftliche Grundlagen des Gewässerschutzes und der Wasserbehandlung

Herausgegeben im Auftrag der Chemischen Gesellschaft der DDR und der Biologischen Gesellschaft der DDR

von J. Kaeding, Dresden, W. Panovsky, Leipzig, W. v. Tümpling, Erfurt
unter Mitarbeit zahlreicher Wissenschaftler des In- und Auslandes

je Heft 96 Seiten — 16,7 cm × 24 cm
jährlich erscheinen 6 Hefte
Preis je Heft 25,— M
Bestell-Nr. 1090

In Fortsetzung der seit 1964 im Akademie-Verlag erscheinenden und mit Heft 15 auslaufenden Schriftenreihe „Fortschritte der Wasserchemie und ihrer Grenzgebiete" haben wir uns entschlossen, dem aktuellen Informationsbedürfnis durch die Gründung der Zeitschrift „Acta hydrochimica et hydrobiologica" — Naturwissenschaftliche Grundlagen des Gewässerschutzes und der Wasserbehandlung — Rechnung zu tragen.
Die Zeitschrift dient vorwiegend der Publikation wissenschaftlicher Arbeitsergebnisse aus dem Gesamtgebiet der Hydrochemie und Hydrobiologie der Gewässer als auch der naturwissenschaftlichen Grundlagen der Technologie und Praxis der Wasseraufbereitung und Abwasserbehandlung. Hierin sind die Aufgaben der Wasseranalytik mit einbezogen.

Bitte fordern Sie unseren ausführlichen Prospekt an!

Bestellungen durch eine Buchhandlung erbeten

AKADEMIE - VERLAG
DDR-108 Berlin, Leipziger Str. 3—4

Textilhilfsmittel für die Textilveredlung

VEB DRESDEN CHEMIE

DDR-806 Dresden
Großenhainer Str. 28

MIX
Papier | Fördert gute Waldnutzung
FSC® C083411

Zeitfracht Medien GmbH
Ferdinand-Jühlke-Straße 7
99095 Erfurt, Deutschland
produktsicherheit@kolibri360.de